SITZUNGSBERICHTE DER SÄCHSISCHEN AKADEMIE
DER WISSENSCHAFTEN ZU LEIPZIG

Mathematisch-naturwissenschaftliche Klasse
Band 120 · Heft 6

HEINZ PENZLIN

ORDNUNG — ORGANISATION — ORGANISMUS

ZUM VERHÄLTNIS ZWISCHEN PHYSIK UND BIOLOGIE

AKADEMIE-VERLAG BERLIN

1988

SITZUNGSBERICHTE DER SÄCHSISCHEN AKADEMIE DER WISSENSCHAFTEN ZU LEIPZIG

MATHEMATISCH-NATURWISSENSCHAFTLICHE KLASSE

Band 113

Heft 1 Prof. Dr. ERICH LANGE, Allgemeingültige Veranschaulichung des II. Hauptsatzes
1978. 22 Seiten – 10 grafische Darstellungen – 8° – M 4,–

Heft 2 Prof. Dr. HERBERT BECKERT, Bemerkungen zur Theorie der Stabilität
1977. 19 Seiten – 8° – M 2,50

Heft 3 Prof. Dr. sc. KLAUS DÖRTER, Probleme und Erfahrungen bei der Entwicklung einer intensiven landwirtschaftlichen Produktion im Landschaftsschutzgebiet des Harzes
1978. 20 Seiten – 6 Abbildungen, davon 4 farbige auf 2 Tafeln – 2 Tabellen – 8° – M 7,–

Heft 4 Prof. Dr. sc. med. HANS DRISCHEL, Elektromagnetische Felder und Lebewesen
1978. 31 Seiten – 14 Abbildungen – 2 Tabellen – 8° – M 5,–

Heft 5 Prof. Dr. MANFRED GERSCH, Wachstum und Wachstumsregulatoren der Krebse. Biologische Erkenntnisse und generelle Erwägungen
1979. 32 Seiten – 13 Abbildungen – 1 Tabelle – 8° – M 6,–

Heft 6 Prof. Dr. rer. nat. FRIEDRICH WOLF / Dr. rer. nat. URSULA KOCH, Über den Einfluß der chemischen Struktur von Dispersionsfarbstoffen auf deren Dispersionsstabilität
1979. 18 Seiten – 3 Abbildungen – 10 Tabellen – 8° – M 3,50

Heft 7 Prof. Dr. rer. nat. FRIEDRICH WOLF / Dr. rer. nat. WOLFGANG HEYER, Zur Sorption an Tetracalciumaluminathydroxysalzen 1980. 12 Seiten – 5 Abbildungen – 4 Tabellen – 8° – M 2,–

Band 114

Heft 1 Prof. Dr. HASSO ESSBACH, Morphologisches zur orthologischen und pathologischen Differenzierung und zum Anpassungs- und Abwehrvermögen der menschlichen Placenta
1980. – 19 Seiten – 12 Abbildungen – 8° – M 4,–

Heft 2 Prof. Dr. med. WERNER RIES, Risikofaktoren des Alterns aus klinischer Sicht
1980. 19 Seiten – 9 Abbildungen, davon 1 Abbildung auf Tafel – 8° – M 4,–

Heft 3 Prof. Dr. OTT-HEINRICH KELLER, Anschaulichkeit und Eleganz beim Alexanderschen Dualitätssatz
1980. 19 Seiten – 8° – M 4,–

Heft 4 Prof. Dr. rer. nat. BENNO PARTHIER, Die cytologische Symbiose am Beispiel der Biogenese von Zellorganellen 1981. 29 Seiten – 16 Abbildungen – 2 Tabellen – 8° – M 6,–

Heft 5 Prof. Dr. F. WOLF / Dr. S. ECKERT / Dr. M. WEISE / Dr. S. LINDAU, Untersuchungen zur Synthese und Anwendung bipolarer Ionenaustauschharze 1980. 12 Seiten – 6 Tabellen – 8° – M 2,–

Heft 6 Prof. Dr. med. HERBERT JORDAN, Balneobioklimatologie – Eine Zielstellung im Mensch-Umwelt-Konzept 1981. 25 Seiten – 8 Abbildungen – 1 Tabelle – 8° – M 4,–

Band 115

Heft 1 Prof. Dr. rer. nat. HERMANN BERG, Wilhelm Ostwald – Erkenntnisse über die Biosphäre
1981. 36 Seiten – 7 Abbildungen – 3 Tabellen – 8° – M 6,–

Heft 2 Prof. Dr. sc. KLAUS DÖRTER, Aphorismen zur Qualität des Bewässerungswassers
1981. 31 Seiten – 11 Abbildungen – 11 Tabellen – 8° – M 6,–

Heft 3 Prof. Dr. Ing. Dr. rer. nat. h. c. PAUL GÖRLICH, Die geschichtliche Entwicklung des wissenschaftlichen Gerätebaus und seine zukünftige Bedeutung 1981. 36 Seiten – 8° – M 6,–

Heft 4 Prof. Dr. WOLFGANG BUCHHEIM, Albert Einstein als Wegbereiter nachklassischer Physik
1981. 29 Seiten – 8° – M 4,–

Heft 5 Prof. Dr.-Ing. HERBERT KRUG, Die Technologie der Brikettierung von Weichbraunkohle im Lichte der Verfahrenstechnik und der besseren Nutzung dieses Energieträgers
1982. 20 Seiten – 13 Abbildungen – 8° – M 3,–

Heft 6 Prof. Dr. ERNST NEEF, Der Verlust der Anschaulichkeit in der Geographie und das Problem der Kulturlandschaft 1981. 34 Seiten – 8° – M 5,–

SITZUNGSBERICHTE DER SÄCHSISCHEN AKADEMIE
DER WISSENSCHAFTEN ZU LEIPZIG

Mathematisch-naturwissenschaftliche Klasse
Band 120 · Heft 6

HEINZ PENZLIN

ORDNUNG — ORGANISATION — ORGANISMUS

ZUM VERHÄLTNIS ZWISCHEN PHYSIK UND BIOLOGIE

Mit 6 Abbildungen

AKADEMIE-VERLAG BERLIN

1988

Vorgetragen in der öffentlichen Sitzung am 10. April 1987
Manuskript eingereicht am 16. Juni 1987
Druckfertig erklärt am 24. August 1988

ISBN 3-05-500558-9
ISSN 0371-327X

Erschienen im Akademie-Verlag Berlin, DDR - 1086 Berlin, Leipziger Str. 3—4

Lizenznummer: 202 · 100/382/88
Printed in the German Democratic Republic
Gesamtherstellung: VEB Druckhaus „Maxim Gorki", 7400 Altenburg
LSV 1105, 1305
Bestellnummer: 763851 1(2027/120/6)

00400

„Ohne Zweifel erfüllt uns die Schönheit des Himmelskörpers mit mehr Entzücken als die Betrachtung dieser niedrigen Dinge ... Aber die Himmel sind hoch und weit entfernt ... Die lebenden Geschöpfe sind dagegen vor unserer Tür, und wenn wir es wünschen, können wir reichliches und sicheres Wissen von jedem und allem erlangen. Wir freuen uns an der Schönheit einer Statue ... wie soll nicht das Lebende uns mit Entzücken erfüllen; und das um so mehr, wenn wir im Geiste der Philosophie nach Ursachen suchen ..."

ARISTOTELES [1]

1. Einleitung

Die Lösung vom Mittelalter und der Start in die „Neuzeit" im 15. und 16. Jahrhundert, im Zeitalter der Renaissance, des Humanismus und der Reformation, brachte in den Künsten und der Wissenschaft ebenso wie im Handwerk und Handel einen ungeahnten Umschwung. Nach ENGELS war es „die größte progressive Umwälzung, die die Menschheit bis dahin erlebt hatte, eine Zeit, die Riesen brauchte und Riesen zeugte, Riesen an Denkkraft, Leidenschaft und Charakter, an Vielseitigkeit und Gelehrsamkeit" [2]. Diese Umwälzung äußerte sich in einer neuen Stellung des Menschen zu seiner Welt, zu Gott und zu sich selber, in einem ganz neuen Lebensgefühl, das durch LEONARDO DA VINCI in seiner „Mona Lisa" in unübertroffener Weise verkörpert worden ist (Abb. 1). Sie schenkte uns nicht nur die Schriften eines ERASMUS (1466—1536), des in Rotterdam Geborenen, sondern auch die 95 Thesen eines Augustinermönchs namens MARTIN LUTHER (1483—1546) an der Schloßkirche zu Wittenberg. Sie bescherte uns nicht nur die auf der Suche nach einem Westweg nach dem reichen Indien erfolgte Entdeckung eines neuen Kontinents durch CHRISTOPH KOLUMBUS, sondern leitete auch die barbarische Zerstörung der Hochkulturen des Inkareiches und der Azteken durch die Konquistadoren vom Schlage eines FERDINAND CORTEZ ein. Sie führte nicht nur zur schrittweisen Überwindung der auf die Methode „durch Schließen zu Wissen" (HEGEL [3]) ausgerichteten mittelalterlichen Scholastik und zur Formierung eines neuen, auf Beobachtung und Messen setzenden Programms der wissenschaftlichen Forschung, sondern auch zur nochmaligen Blütezeit des Aberglaubens, des Hexenwahns, der Astrologie und der Mystik: sie schenkte uns nicht nur den „Heerführer der Erfahrungsphilosophen" [3] in FRANCIS BACON (1561–1626), sondern auch den „theosophus teutonicus" [4] in JAKOB BÖHME (1575–1624).

Die Bedeutung FRANCIS BACONS im Rahmen der Begründung der neuzeitlichen Naturwissenschaft ist in der Vergangenheit sehr unterschiedlich interpretiert worden. In seinem bedeutenden Werk „Novum Organon" (1620) setzte sich BACON aphoristisch

Abb. 1. Leonardo da Vinci, Mona Lisa (1503–1506), Paris, Louvre

mit der aristotelischen Methodenlehre auseinander und betont, daß in der wahren Naturwissenschaft nur durch Beobachtung und Experiment Erfahrungen gesammelt werden können. Nicht mehr die Autorität der geschichtlichen Überlieferung, sondern die lebendige Erfahrung, so lehrt er, sei die „einzige und wahrhafte Quelle des Erkennens" [3]. Er wandte sich gegen die aristotelische Betrachtung nach „Endursachen". „Er verwies die Betrachtung nach Zwecken aus der Physik, der nur die Betrachtung der Ursachen angehöre", wie HEGEL es formulierte [3]. Er sah klarer als die meisten seiner Zeitgenossen die Notwendigkeit des Sammelns möglichst vieler Beobachtungen über die Objekte für den Erwerb weiterer Kenntnisse von der Natur, war aber selbst bei der Umsetzung seiner Ideen in die Praxis wenig erfolgreich. Auch vermochte er nicht, die Bedeutung der Mathematik im Rahmen der neuen Wissenschaft richtig einzuschätzen.

Ganz anders bei GALILEO GALILEI (1564—1642). Er setzte das unabhängig von FRANCIS BACON in die Tat um, was der große Engländer theoretisch gefordert hatte. Ihm und dem um sieben Jahre jüngeren JOHANNES KEPLER (1571—1630) verdanken wir die so erfolgreiche Verbindung der Naturerkenntnis mit der Mathematik. Das exakte Experiment, der experimentelle Dialog mit der Natur und nicht das scholastische Studium alter Quellen war für GALILEI der Weg und die Methode, Erkenntnisse über die Natur zu gewinnen. Die Natur war für ihn das „majestätische Buch", in dem zu lesen der Forscher lernen müsse, denn dort sei die „wahre Philosophie" niedergeschrieben; und dieses Buch der Natur war für GALILEI „in der Sprache der Mathematik" verfaßt. „Messen, was zu messen ist und meßbar machen, was noch nicht gemessen werden kann", hieß jetzt die Devise. Die moderne Wissenschaft ist geboren worden, „als der durch den organisierten und zusammenhängenden Charakter der biologischen Funktionen inspirierte aristotelische Raum durch den homogenen, isotropen Raum des EUKLID ersetzt wurde", schrieb der Nobelpreisträger ILYA PRIGOGINE (geb. 1917) [5].

Diese in enger Verflechtung mit der Technik stattgefundene „Mechanisierung des Weltbildes", diese auch oft als „galileisch" apostrophierte Auffassung von der Wissenschaft war in der Folgezeit deshalb so außergewöhnlich erfolgreich, weil sie mit einer tiefgreifenden Einengung des Gegenstandes wissenschaftlicher Analyse verbunden war. Die NEWTONsche Mechanik kennt nur vier Entitäten: Körper, Kräfte, Raum und Zeit [6], sie kennt nur eine Art von Veränderung: die Bewegung als „Veränderung des absoluten Ortes in der absoluten Zeit" [7]. Die Zeit reduziert sich in ihr zu einem „Parameter, durch den diese Ortsveränderungen beschrieben werden können" [8].

Die Dynamik eines GALILEI und NEWTON (1643—1727), weitergeführt durch Männer wie LEONHARD EULER (1707—1783), JOSEPH LOUIS LAGRANGE (1736—1813), PIERRE SIMON LAPLACE (1749—1827), SIR WILLIAM HAMILTON (1805—1865) und viele andere, wurde zum Inbegriff der Wissenschaft schlechthin. Sehr bekannt ist KANTS Ausspruch geworden, „daß in jeder besonderen

Naturlehre nur soviel eigentliche Wissenschaft angetroffen werden könne, als darin Mathematik enthalten sei" [9]. Man apostrophierte die mathematisierten Naturwissenschaftler gerne als „exakt" und stellte sie den „nur" deskriptiven gegenüber.

Auch auf die Biologen übte das Beispiel GALILEIS eine starke Anziehungskraft aus. Es wurde im 17. Jahrhundert geradezu zur „Mode", alle Vorgänge im und am Organismus auf Kräfte und Bewegungen zurückzuführen. Unter diesen „Iatromechanikern" haben sich insbesondere der Neapolitaner und Schüler GALILEIS GIOVANNI ALFONSO BORELLI (1608–1679), der Pariser CLAUDE

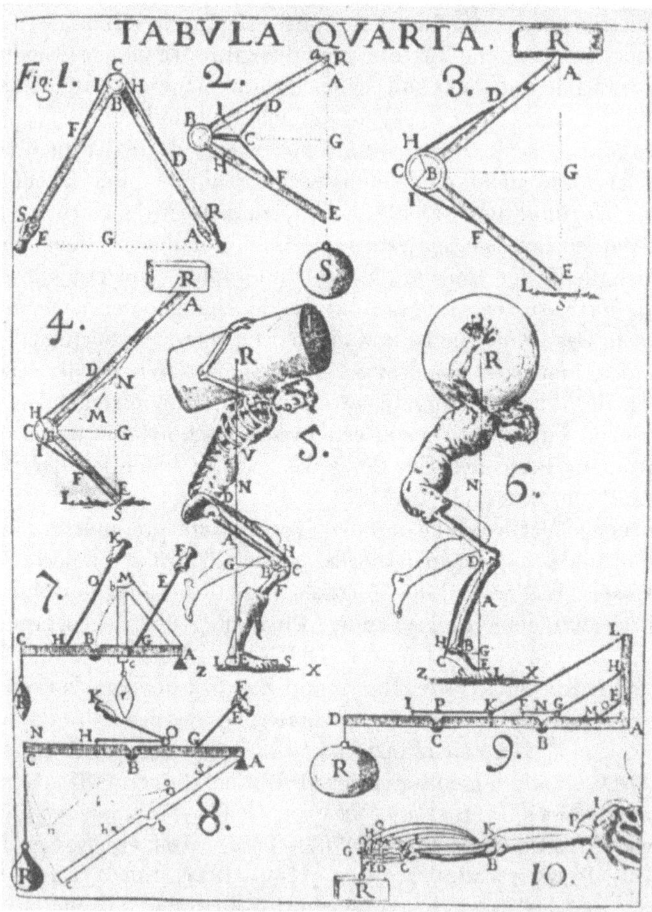

Abb. 2. Aus G. BORELLI: De motu animalium (1680)

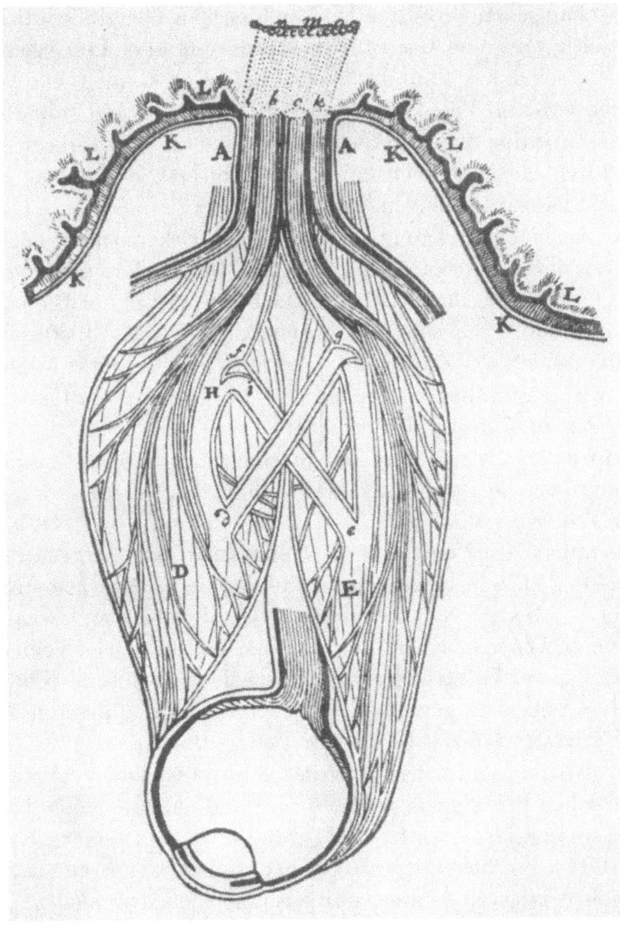

Abb. 3. Aus R. DESCARTES: L'Homme bzw. De homine (1664). Die Muskelkontraktion wird mit der Füllung der Fasern mit dem „Esprits animeaux" am Beispiel des Augenbewegers illustriert.

PERRAULT (1613—1688) und der Kopenhagener NIELS STENSEN (1638—1686), bekannter unter dem Namen NICOLAUS STENO, hervorgetan. Ihnen verdankt die Biologie eine Reihe wichtiger Erkenntnisse über die Mechanik verschiedener tierischer Bewegungsformen (Abb. 2), wenn sie auch die Muskelkontraktion selbst mit den Mitteln der Mechanik nicht zu erklären vermochten (Abb. 3).

Von den Iatromechanikern gingen zwar wichtige Impulse für die Entwicklung der Biologie als Wissenschaft im 17. und 18. Jahrhundert aus, das Konzept der „mechanischen Physik“, der Newtonschen Dynamik war aber viel zu eng und einseitig, um eine Basis für die Erklärung aller Lebenserscheinungen und des Lebens selbst auch nur annähernd liefern zu können. Die Warmblütigkeit der Säugetiere und Vögel ist eben nicht — wie man 150 Jahre lang glaubte — auf die Reibung des Blutes in den Blutgefäßen zurückzuführen, wovon man sich leicht durch den Vergleich eines „Kaltblüters“ mit einem gleichgroßen „Warmblüter“ hätte überzeugen können.

Eine unkritische Übertragung physikalischer Erkenntnisse auf biologische Phänomene zu ihrer Interpretation hat sich in der Vergangenheit meistens nicht gerade als nützlich für den Erkenntnisfortschritt in der Biologie erwiesen. Der extreme Mechanismus eines RENÉ DESCARTES (1596—1650), daß die Tiere „nichts weiter seien“ als Maschinen, wirkte sich, wie ERNST MAYR es einmal formulierte, wie „ein Mühlstein um den Hals der Biologie“ [10] aus. Die Folgen waren bis in das 19. Jahrhundert spürbar.

Eine Unzufriedenheit mit dem auf „Geometrie“ und Mechanik ausgerichteten Denken, dem die Physik und Astronomie des 17. und 18. Jahrhunderts ihre großen Triumphe verdankte, ist an der Schwelle zum 18. Jahrhundert deutlich erkennbar. Im Gegensatz zu DESCARTES geht GOTTFRIED WILHELM LEIBNIZ (1646—1717) in seiner Naturphilosophie — wie seinerzeit vor ihm ARISTOTELES — wieder vom Leben aus. Seine „Monaden“ waren „Lebenselemente“, deren Wissen „Kraft“ war. Dabei trennte er sich keineswegs völlig vom Cartesianismus. Er sträubte sich, spezielle „organische Kräfte“ anzuerkennen und polemisierte gegen den Vitalismus seines jüngeren Zeitgenossen GEORG ERNST STAHL (1660—1734). Für IMMANUEL KANT (1724—1804) stand es fest, „daß wir die organisierten Wesen und deren innere Möglichkeit nach bloß mechanischen Prinzipien der Natur nicht einmal zureichend kennenlernen, viel weniger uns erklären können“ [11], und er fügt in seiner „Kritik der Urteilskraft“ (1790) den bekannten Satz hinzu, „daß man dreist sagen kann, es ist für Menschen ungereimt, auch nur einen solchen Anschlag zu fassen, oder zu hoffen, daß noch etwa dereinst ein NEWTON aufstehen könne, der auch nur die Erzeugung eines Grashalms nach Naturgesetzen, die keine Absicht geordnet hat, begreiflich machen werden“ [11].

Bis an die Schwelle unseres Jahrhunderts wechselten extrem mechanistische Interpretationen des Lebensphänomens mit nicht-mechanistischen, meist vitalistischen Theorien in bunter Folge in der Biologie ab. Sowohl durch das im 19. Jahrhundert weiter gestiegene hohe Ansehen der Physik als auch als Gegenreaktion zu den vornehmlich deduktiv arbeitenden, romantisch-spekulativen Biologen in der Nachfolge SCHELLINGS (LORENZ OKEN 1779—1851, CARL GUSTAV CARUS 1789—1869, CHRISTIAN GOTTFRIED NEES VON ESENBECK 1776—1858 u. a.) erlebte die Physiologie in der Mitte des 19. Jahrhunderts eine abermalige Blüte eines radikalen reduktionistischen Physikalismus, als dessen Exponenten EMIL DU BOIS-REYMOND (1818—1898) und HERMANN VON HELMHOLTZ (1821—1894) gelten können. Letzterer formulierte 1869 in Innsbruck vor der Versammlung deutscher Naturforscher: „Endziel der Naturwissenschaften ist, die allen anderen Veränderungen zugrundeliegenden Bewegungen und deren Triebkräfte zu finden, also sie in Mechanik aufzulösen" [12]. Viele Biologen seiner Zeit und des späten 19. Jahrhunderts schlossen sich diesem Programm an. So stellte sich ERNST HAECKEL (1834—1919) in dem Vorwort zu seiner „Generellen Morphologie" (1866) die Aufgabe, die Wissenschaft von den Organismen „durch mechanisch-kausale Begründung" auf das Niveau der anorganischen Wissenschaften zu heben. CARL WILHELM VON NAEGELI (1817—1891) veröffentlichte 1884 eine „Mechanisch-physiologische Theorie der Abstammungslehre". WILHELM ROUX (1850—1924), ein Schüler HAECKELS, kennzeichnete die von ihm mitbegründete Physiologie der Embryogenese von Tieren als „Entwicklungsmechanik", und MAX VERWORN, ebenfalls ein Schüler HAECKELS, schrieb eine „Mechanik des Geisteslebens", in der er die Aufgabe verfolgte, „die physiologischen Bedingungen der geistigen Vorgänge mechanisch" zu analysieren [13].

So fruchtbar, wie sich dieser „pragmatische Reduktionismus" tausendfach bei der physikalisch-chemischen Analyse unmittelbarer Kausalzusammenhänge einzelner Lebensprozesse bis in unsere Gegenwart hinein erwiesen hat und weiter erweisen wird, so untauglich erwies er sich auf der anderen Seite bei der Charakterisierung der Lebewesen als Ganzheit mit ihren selbstregulatorischen Eigenschaften, ihrem hohen Grad an zweckmäßiger Ordnung und ihrer Historizität. Die Physik, als die „bescheidenste aller Naturwissenschaften", wie sie ERWIN SCHRÖDINGER (1887—1961), dessen hundertsten Geburtstages wir in diesem Jahr gedenken, einmal charakterisiert hat [14], war in ihrer von GALILEI und NEWTON geprägten und von LAGRANGE, HAMILTON und POINCARÉ ausgebauten Form untauglich, das Leben — lebendige Systeme in ihrer niemals unterbrochenen Dynamik, in ihrem hohen Grad an zeitlicher und räumlicher Komplexität und zweckmäßiger Ordnung sowie in ihrer Irreversibilität und Historizität — adäquat zu beschreiben.

Diese Situation änderte sich auch nicht, als die klassische Mechanik durch die Quantenmechanik erweitert wurde. PRIGOGINE schrieb: „Der Begriff der Trajektorie wurde durch den des ‚Wellenpakets' (oder der Wellenfunktion) ersetzt, doch die Bewegung des Wellenpakets bleibt reversibel. Wiederum enthält die Gegenwart sowohl die Zukunft als auch die Vergangenheit" [15]. Und hinsichtlich EINSTEINS Relativitätstheorie stellt derselbe Autor fest: Auch EINSTEIN verkörperte das „Bestreben, die Physik in einer Weise zu formulieren, die auf der fundamentalen Ebene keinen Bezug zur Irreversibilität enthält ... Bei all seinen Generalisierungen der Zeit hielt EINSTEIN entschieden an einer Zeitkonzeption fest, deren Grundbestandteile die Reversibilität war" [16].

In der klassischen wie auch in der Quantenmechanik kommt die Zeit nur in einem eingeschränkten Sinne, als „geometrischer Parameter" (D'ALEMBERT 1754) vor. Ihre Gleichungen sind invariant gegenüber der Zeitumkehr $t \to -t$, d. h., es herrscht eine Zeitsymmetrie: Vergangenheit und Zukunft spielen dieselbe Rolle. Es gibt keinen „Zeitpfeil". Jeder augenblickliche Zustand könnte sowohl Anfangs- als auch Endzustand einer Entwicklung sein. Deshalb sprach KOYRÉ davon, daß sich die dynamischen Bewegungen „in einer zeitlosen Zeit" abspielen [17]. Die Bahnen der Teilchen, aus denen unsere Welt besteht, können sowohl in die Zukunft als auch in die Vergangenheit hinein exakt verfolgt werden, wenn man ihren Zustand zu einer gegebenen Zeit hinreichend genau kennt. Ein „Laplacescher Dämon", der in der Lage wäre, in einem gegebenen Augenblick sowohl die Lage als auch die Geschwindigkeiten aller Massen, aus denen das Universum besteht, festzustellen, könnte die Entwicklung dieses Universums sowohl in die Zukunft exakt voraussagen als auch in die Vergangenheit hinein verfolgen. Einem solchen Geiste, um es mit den Worten EMIL DU BOIS-REYMONDS zu sagen, „wären die Haare auf unserem Haupte gezählt, und ohne sein Wissen fiele kein Sperling zur Erde" [18]. Es wäre für diesen Geist „das Weltganze nur eine einzige Tatsache und eine große Wahrheit" (D'ALEMBERT [19]).

2. Die Historizität des Lebendigen

Während die grundlegenden Theorien der Physik bis in unsere Zeit hinein keinen „Zeitpfeil" ausweisen, machte die Biologie früh die Zeit zu „einem ihrer wichtigsten Parameter" [20].

Es sei an dieser Stelle an KARL FRIEDRICH KIELMEYER (1765–1844), einem „von Deutschlands eigentümlichsten Biologen" [21] erinnert, der heute so gut wie vergessen ist, dem seinerzeit aber ALEXANDER VON HUMBOLDT (1769–1859) als „dem ersten Physiologen Deutschlands" seine „Beobachtungen aus der Zoologie und vergleichenden Anatomie" (1806) widmete. GEORGES CUVIER (1769–1832) und CARL EBERHARD SCHELLING, der jüngere Bruder des großen Philosophen, gehörten zu seinen Schülern. CUVIER sah auch in den späteren Jahren noch in ihm „seinen Meister". Auch FRIEDRICH WILHELM JOSEPH SCHELLING (1775–1854) und LORENZ OKEN (1779–1851) wurden von ihm entscheidend beeinflußt. Neben einigen kleineren Aufsätzen liegt von KIELMEYER nur seine Festrede zum 65. Geburtstag des Herzogs CARL von Württemberg am 11. 2. 1793 publiziert vor, von der SCHELLING meinte, „daß von ihr an das künftige Zeitalter ohne Zweifel die Epoche einer ganz neuen Naturgeschichte rechnen wird" [22]. In dieser Festschrift werden in der Tat eine ganze Reihe wertvoller, uns heute noch außergewöhnlich modern anmutender Äußerungen hinsichtlich des Lebens gemacht. So betont er die Prozeßhaftigkeit alles Organischen sowie den generellen Zusammenhang und die feine Abstimmung der Teilprozesse aufeinander im Organischen. Mit Nachdruck verweist er darauf, daß man bei der Interpretation der Organismen die Kategorie der Zeit und nicht nur die Kategorie des Raumes wie bisher zu berücksichtigen habe. Er schrieb: „Jedes der Organe ist in seinen Veränderungen, die es jeden Augenblick erfährt, den Veränderungen aller anderen Organe so angepaßt, und sie in ein System von gleichzeitigen und auf einander folgenden Veränderungen so vereinigt, daß jede derselben, nach unserer Weise zu reden, wechselweise Ursache und Wirkung der anderen wird. Jedes der so von den Organen aus belebten Individuen geht wieder eine größere oder geringere Strecke in der Zeit fort, und in jedem Punkt dieser Zeitbahn ändert sich das System von Wirkungen, das wir sein Leben nennen, und das System von Organen, das seinen Organismus ausmacht, eins aus dem anderen wie aus der Ursache hervorgehend, ab“ [23].

Ein wesentlicher Unterschied zwischen den von Menschenhand gefertigten Artefakten in Form von Maschinen und Automaten und den Lebewesen besteht darin, daß die Lebewesen Systeme verkörpern, die historisch auseinander hervorgegangen sind und Spuren ihrer eigenen Geschichte in sich tragen. Sie sind sowohl das Produkt einer langen Stammesgeschichte (Phylogenese) als auch das Produkt einer Individualentwicklung (Ontogenese) und sind nur im Rahmen dieser, ihrer „Historizität“ verständlich. Es gibt weder einen Stillstand noch ein Zurück in diesem Prozeß des historischen Wandels, weder für das einzelne Individuum, noch für alles Lebendige auf unserer Erde, die „Biosphäre“ insgesamt. Max Delbrück (1906—1981) hat rückblickend diesen für die Erscheinung des Lebens so charakteristischen Zug des steten Wandels folgendermaßen zum Ausdruck gebracht. Er schrieb: „ein erfahrener Physiker, der zum ersten Mal die Probleme der Biologie kennenlernt, findet es unfaßbar, daß es in der Biologie keine ‚absoluten Phänomene‘ gibt. Alles ist zeitgebunden und raumgebunden. Das Tier, die Pflanze oder der Mikroorganismus, mit dem er arbeitet, ist nichts als ein Glied in einer Evolutionskette sich wandelnder Formen, von denen keine eine bleibende Gültigkeit besitzt“ [24].

Jeder von uns, jedes in dieser Stunde unseren Planeten bevölkernde lebende Wesen ist durch eine niemals unterbrochene Kette von Vorfahren mit den Ursprüngen des Lebens verbunden. Die Pasteursche Formel (1861) „omne vivum e vivo“ ist zum festen Fundament unserer Wissenschaft geworden. Jacques Monod nennt in seinem viel diskutierten Buch „Zufall und Notwendigkeit“ drei „allgemeinste Eigenschaften“, „die alle Lebewesen auszeichnen und vom übrigen Universum unterscheiden“: „Die Teleonomie, die autonome Morphogenese und die reproduktive Invarianz“ [25]. Erläuternd fügt er hinzu, daß Teleonomie und Invarianz im wirklichen Sinne „Eigenschaften der Lebewesen“ seien, während der spontane Aufbau der Lebewesen, die autonome Morphogenese, eher als „Mechanismus“ zu betrachten sei [25].

Solche „Mechanismen“ der spontanen Entstehung komplexer Strukturen, wie sie im Organischen tagtäglich beobachtet werden, werden von der von Galilei und Newton begründeten Dynamik in der Physik nicht erfaßt. Bei

ARISTOTELES bildete das Phänomen des „Formwechsels“ im Prozeß der Embryogenese noch eine wesentliche Quelle seines Denkens und Wollens, alle Erscheinungen der Natur und der menschlichen Existenz nach einheitlichen Gesichtspunkten zu ordnen. Für ihn war die Physik noch die Wissenschaft von „Prozessen“, von Veränderungen aller Art, die sich in der Natur vollziehen [26]. GALILEI und seine Nachfolger kannten nur noch eine Art der Veränderung in der Natur, die relativen Ortsveränderungen materieller Körper in der Zeit. Mit der „Überwindung“ des Aristotelismus und der Begründung der neuzeitlichen Physik ging der Verzicht einher, solche komplexen und dynamischen Systeme, wie sie von den Lebewesen repräsentiert werden, in ihrer Charakteristik aus der Physik heraus zu verstehen.

Irreversible Prozesse wurden in dieser „Physik des Seins“, um einen Ausdruck PRIGOGINES zu gebrauchen, als „Täuschungen“ [27] oder als „Auswirkungen besonders ‚unwahrscheinlicher‘ Anfangsbedingungen“ dargestellt [27], oder als eine „Art von Näherung“ angesehen, die den Gesetzen der Dynamik hinzugefügt werden müsse [27]. PRIGOGINE schätzte ein, daß uns „die klassische Physik, selbst wenn man sie um die Quantenmechanik und die Relativitätstheorie erweitert, nur ziemlich dürftige Modelle der zeitlichen Entwicklung geliefert habe. Die deterministischen Gesetze der Physik, die man einmal für die einzigen Gesetze hielt, welche der menschliche Geist akzeptieren kann, erscheinen uns heute“, so PRIGOGINE weiter, „als grobe Vereinfachungen, beinahe als eine Karikatur der Evolution“ [28].

Die Dynamik, die „Wissenschaft von den Kräften und Trajektorien“ (PRIGOGINE) konnte zu dem Problem der Entwicklung keine Beiträge liefern. Erst die Thermodynamik lieferte hier erste Ansätze. Mit der Erfindung der Dampfmaschine durch JAMES WATT (1736–1814) wuchs schlagartig das Interesse an der mechanischen Wirkung der Wärme. FOURIERS Arbeiten über die Wärmeausbreitung in Festkörpern (1811) rückte die Frage nach dem Wesen der Irreversibilität in den Mittelpunkt des Interesses, die Thermodynamik wurde geboren. Das Prinzip der Erhaltung der Energie wurde durch MAYR (1842) und HELMHOLTZ (1847) formuliert. Die Formulierung des sog. 2. Hauptsatzes der Thermodynamik in seiner ersten Form durch WILLIAM THOMSON (1852), daß es in der Natur eine universelle Tendenz zur „Degradation“ der mechanischen Energie gäbe, führte gleichzeitig zum ersten quantitativen Ausdruck der Irreversibilität. CLAUSIUS (1822–1888) machte deutlich, daß es Prozesse gibt, bei denen die Energie erhalten bleibt, ihre Umkehr aber nicht möglich sei. Er führte die Größe der „Entropie“ ein und stellte fest, daß sie durch die irreversiblen Prozesse innerhalb des Systems erzeugt wird, also nur zunehmen, positive Werte annehmen und im Grenzfall — bei reversibler Führung des Prozesses — unverändert bleiben kann. Isolierte Systeme „entwickeln“ sich spontan in Richtung auf ihr thermodynamisches Gleichgewicht, das als Zustand maximaler Entropie gekennzeichnet werden kann. Damit wird die Entropie, wie PRIGOGINE schrieb, „zu einem ‚Indikator der Entwicklung‘, oder wie EDDINGTON es geschickt ausgedrückt hat, zu einem ‚Zeitpfeil‘: Für alle isolierten Systeme ist die Zukunft die Richtung der zunehmenden Entropie“ [29].

3. Das Boltzmannsche Ordnungsprinzip

LUDWIG BOLTZMANN (1844—1906) wies als erster darauf hin, daß man die irreversible Entropiezunahme als Ausdruck einer wachsenden molekularen Unordnung interpretieren könne, die Änderungen in einem isolierten System also in Richtung auf Zustände wachsender Wahrscheinlichkeit erfolgen und das thermodynamische Gleichgewicht den makroskopischen Zustand der größten Wahrscheinlichkeit darstelle. Diese Zusammenhänge sind in der bekannten Gleichung BOLTZMANNS

$$S = k \cdot \lg P$$

zum Ausdruck gebracht worden (S = Entropie, P = Anzahl der Komplexionen, k = BOLTZMANNsche Konstante). Hier wurde erstmalig die Wahrscheinlichkeit nicht mehr als Näherung, sondern als Erklärung eingeführt.

Diese sog. Gleichgewichtsthermodynamik war, wie PRIGOGINE es formulierte, „die erste Antwort des Physikers auf das Problem der Komplexität der Natur“ ... „Während die Wissenschaft von den ewigen, reversiblen Trajektorien zu den Problemen des vom Begriff der Entwicklung beherrschten 19. Jahrhunderts nichts zu sagen hatte, war die Gleichgewichts-Thermodynamik imstande, den Auffassungen anderer Wissenschaften ihre eigene Auffassung über die Zeit — nämlich Zeit als Degradation und Tod — entgegenzusetzen“ [30]. SCHRÖDINGER sah die „statistische Theorie der Zeit“ als noch viel wichtiger für die Philosophie der Zeit an als die Relativitätstheorie [31] und äußerte einmal, daß das letzte Jahrhundert, „das sich das technische zu nennen liebt, später einmal als das Zeitalter der Deszendenztheorie (bzw. des Entwicklungsgedankens) ... bezeichnet werden wird“ [32].

Der „Zeitpfeil“ der Physiker schien aber in die entgegengesetzte Richtung zu weisen als der der Biologie. Während „die Entwicklung“ im Bereich des Anorganischen in Richtung auf Homogenität, Ausgleich, Stabilität und „Ruhe“ abläuft, finden wir im Organischen Entwicklung mit einer Tendenz zur Komplexifizierung, Diversifikation und „Bewegung“. „Angesichts der physikalischen Gesetze, die die makroskopischen Systeme lenken, schien die bloße Existenz von Lebewesen ein Paradoxon darzustellen und einige der Grundprinzipien zu verletzen, auf die sich die moderne Wissenschaft stützt“, schrieb JACQUES MONOD [33].

ERWIN SCHRÖDINGER erschien ein Organismus „deshalb so rätselhaft, weil er sich dem raschen Verfall in einen unbewegten ‚Gleichgewichtszustand' entzieht" [34]. Diese Frage, die ROGER CALLOIS auf die Kurzform brachte: „Können CARNOT und DARWIN gleichzeitig recht haben?" [35], hat Generationen von Biologen, Physikern und Philosophen beschäftigt. HENRI BERGSON (1859 bis 1941) meinte aus dem scheinbaren Widerspruch die Konsequenz ziehen zu müssen, ein übernatürliches Wesen des Lebens anzuerkennen, welches er als „Kampf gegen die Entropie" definierte. Der Jenaer Physiker FELIX AUERBACH (1856–1933) ging in seiner „Ektropie-Lehre" davon aus, daß das Leben „ein Instrument des Kosmos zum Kampf gegen die Entropie" sei. Er sah das Leben als Organisation an, „die sich die Natur im Kampfe gegen die Entwertung der Energie geschaffen habe" [36].

Gewiß ist, daß die vielfältigen Strukturen, die wir in unserer Welt vorfinden, die lebendigen, aber auch eine Reihe „toter", keineswegs „Gleichgewichtsstrukturen" darstellen. „Die Physiker haben allerdings lange geglaubt, die träge Struktur der Kristalle als die einzige vorhersagbare und reproduzierbare physikalische Ordnung und die Annäherung ans Gleichgewicht als die einzige Entwicklung definieren zu können", schätzte PRIGOGINE in seinem „Dialog mit der Natur ein" [37]. Das Paradoxon „CARNOT oder DARWIN" blieb offen.

MAX PLANCK lehnte eine Verwertung der Aussage des zweiten Hauptsatzes „für den Entwicklungsgedanken in der Biologie" als einen „ganz besonders unglücklichen Versuch" ab. Er sagte 1933 vor dem Verein Deutscher Ingenieure in Berlin: „Auch der zweite Hauptsatz der Thermodynamik, das Prinzip der Vermehrung der Entropie, hat mehrfach Deutungen außerhalb der Physik gefunden. So hat man den Satz, daß der Verlauf aller physikalischen Vorgänge einseitig gerichtet ist, für den Entwicklungsgedanken in der Biologie verwerten wollen. Das ist nun ein ganz besonders unglücklicher Versuch, wenigstens dann, wenn man mit dem Wert Entwicklung den Begriff des Fortschritts in aufsteigender Richtung, also der Vervollkommnung, Veredelung verbindet. Denn das Entropieprinzip ist nach seinem Inhalt ein Wahrscheinlichkeitssatz, es besagt im Grund nur, daß auf einen von vornherein unwahrscheinlichen Zustand im Mittel ein wahrscheinlicherer Zustand folgt. Will man dieses Gesetz biologisch deuten, so liegt es jedenfalls näher, an eine Degeneration zu denken als an eine Veredelung. Denn das Ungeordnete, Gewöhnliche, Gemeine ist immer von vornherein wahrscheinlicher als das Geordnete, Vorzügliche, Hervorragende" [38].

ERWIN SCHRÖDINGER schrieb in seinem berühmten Buch „What is Life" im Jahre 1944 noch: „Der Ablauf der Lebensvorgänge in einem Organismus zeigt eine bewunderswerte Regelmäßigkeit und Ordnung, die in der unbelebten Materie nicht ihresgleichen findet". Und an anderer Stelle fügte er hinzu: „Nach allem, was wir von der Struktur der lebenden Zelle gehört haben, müssen wir darauf gefaßt sein, daß sie auf eine Weise wirkt, die sich nicht auf die gewöhnlichen physikalischen Gesetze zurückführen läßt, und zwar nicht deswegen, weil eine ‚neue Kraft' oder etwas Ähnliches das Verhalten der einzelnen Atome innerhalb eines lebenden Organismus leitete, sondern weil sich dessen Bau von allem unterscheidet, was wir je im physikalischen Laboratorium untersucht haben". „Eine einzelne nur in einem einzigen Exemplar vorhandene

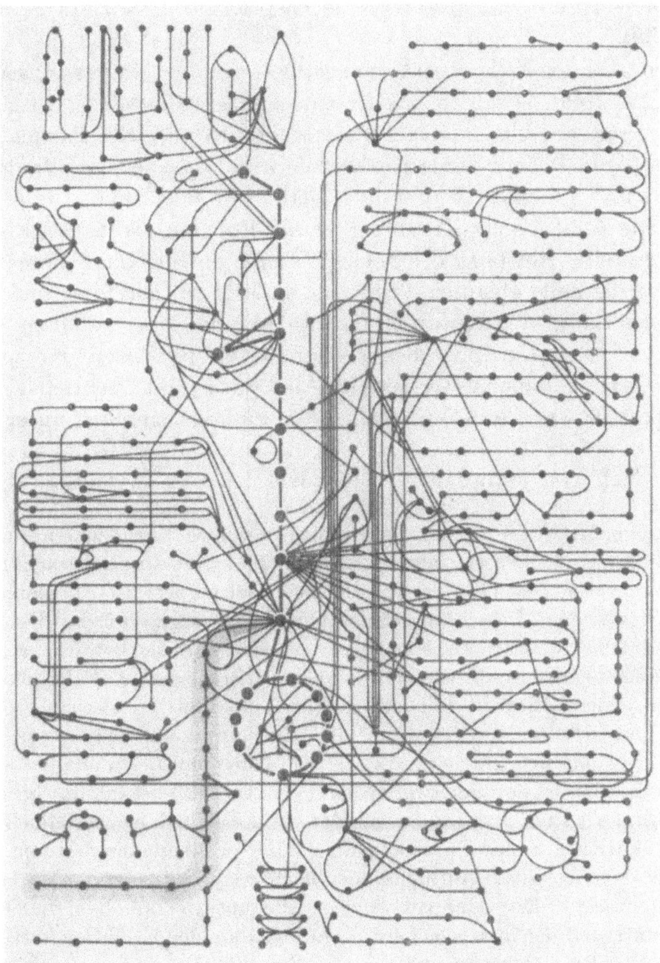

Abb. 4. Schema des „Netzplans" der in einer Zelle ablaufenden chemischen Umwandlungen kleiner Moleküle. Der Glykolyseweg und der Citratzyklus sind durch kräftigere Punkte hervorgehoben. Grau unterlegt ist als Beispiel die Synthese des Cholesterols aus Acetyl-CoA (aus Alberts, Bray, Lewis, Raff, Robertis u. Watson: Molekularbiologie der Zelle. VCH Verlagsgesellschaft, Weinheim 1986)

Atomgruppe ist Ausgangspunkt geordneter Vorgänge, die in wunderbarer Weise und nach höchst subtilen Gesetzen aufeinander und auf die Umwelt abgestimmt sind." „Weder Physiker noch Chemiker sind bei der Erforschung unbelebter Materie je auf Erscheinungen gestoßen, die sie auf diese Weise hätten deuten müssen. Da der Fall nie eingetreten ist, erfaßt ihn unsere Theorie auch nicht — unsere schöne statistische Theorie, auf die wir mit Recht so stolz waren." [39]

In jeder lebenden Zelle eines Organismus — und der ausgewachsene Mensch besitzt deren 10^{13} [1] — laufen ständig eine Vielzahl biochemischer Reaktionen gleichzeitig und auf kleinstem Raum in wunderbarer Weise aufeinander abgestimmt ab (Abb. 4). Jede dieser Reaktionen wird von einem spezifischen Enzym katalysiert und gesteuert. Man schätzt, daß es in jeder Zelle etwa 4000—5000 verschiedene funktionelle Eiweißkörper als Enzyme, Transportproteine und Rezeptorproteine gibt [40]. Die hohe Effizienz, mit der diese Vorgänge in der Summe für die Zelle ablaufen, setzt eine außerordentlich feine und wirkungsvolle Abstimmung der Reaktionsaktivitäten und -orte aufeinander voraus. Über die Ordnungsprinzipien dieser Abstimmung der Einzelvorgänge sind wir noch sehr unvollkommen unterrichtet. „Alles was ich tat", schrieb der bekannte Biochemiker ERWIN CHARGAFF (geb. 1905) einmal, „geschah unter dem Eindruck des Wunders, das die Zelle ist; hier sah ich nichts als Ordnung und Schönheit. Für mich war sie im Kleinsten der Kosmos, ‚die ewige Zier'" [41].

Hinzu kommt, daß nicht nur jede Zelle in sich einen nicht vorstellbaren hohen dynamischen Ordnungsgrad, dem sie ihre Existenz verdankt, verkörpert, sondern daß auch zwischen den vielen Zellen eines Organismus eine solche perfekte Abstimmung erfolgt, daß das Lebewesen uns stets als in sich harmonische Ganzheit erscheint. Um die Spezifik lebender Systeme zu begreifen, können wir uns aber auf die Betrachtung einer Zelle konzentrieren; denn sie repräsentiert die kleinste Struktur- und Funktionseinheit des Lebendigen, einen „Elementarorganismus" (BRÜCKE 1861). Unterhalb der zellulären Ebene ist kein selbständiges Leben auf die Dauer und keine Selbstvermehrung mehr möglich. Nicht „mit dem ersten Strang, der sich selbst replizieren und mutieren konnte und dadurch der Selektion unterworfen war" (KUHN, [42]) begann das Leben, sondern mit dem Entstehen der ersten Zelle, als sich vor dreieinhalb bis vier Milliarden Jahren in der präbiotischen Suppe Phospholipidmoleküle zu Membranstrukturen zusammenfanden und dabei ein zur Selbstreplikation befähigtes Gemisch von RNA und Proteinmolekülen einschloß. Erst dann gab es einen „Phänotypus", an dem die Selektion angreifen konnte und der in seinen Leistungen im Laufe der Evolution vervollkommnet werden konnte. Die einfachsten und kleinsten Einzeller, die wir kennen, sind Angehörige der „Mykoplasma"-Gruppe mit einem Durchmesser von 300 mm und einer Trockenmasse von 10^{-14} g. Ihr Genom besteht aus einer doppelsträngigen DNA von einer relativen Molekülmasse von $4{,}5 \cdot 10^{8}$, was zur Codierung von etwa 700 verschiedenen Pro-

[1] Hinzu kommen weitere $3 \cdot 10^{13}$ Blutzellen [40].

teinen ausreicht. Insgesamt schätzt man die Zahl der Proteinmoleküle in der Zelle auf 60000 [43].

Das Wesentliche an den lebenden Systemen ist: Sie besitzen einen hohen dynamischen Ordnungsgrad, in ihnen „passiert" ständig etwas, Ordnung und Aktivität bilden eine Einheit. Diese dynamische Ordnung kann nur im ständigen Energie- und Stoffaustausch mit der Umgebung des Systems aufrechterhalten werden. Eine auch nur kurzfristige Isolierung des lebenden Systems von seiner Umwelt führt — im Gegensatz zu den statischen Strukturen der von Menschenhand produzierten Maschinen und Automaten, aber auch im Gegensatz zu den Gleichgewichtsstrukturen — unweigerlich zur irreversiblen Zerstörung des Systems: zum Tode.

Das Verhalten von Systemen, ihre „Entwicklung", im Gültigkeitsbereich sowohl der Gleichgewichts- als auch der linearen Thermodynamik in Gleichgewichtsnähe, besteht in der irreversiblen Bewegung auf den Extremwert des entsprechenden thermodynamischen Potentials zu. Das ist bei isolierten Systemen der thermodynamische Gleichgewichtszustand mit einem Maximum an Entropie, bei offenen Systemen der stationäre Nichtgleichgewichtszustand mit einem Minimum der Entropieerzeugung. Diese zeitunabhängigen Zustände werden durch die Randbedingungen bestimmt, sind aber unabhängig von den Anfangsbedingungen. Das bedeutet, daß die Veränderung des Systems auf Grund einer Veränderung der Randbedingungen genau vorausberechnet werden kann, die Entwicklung enthält „nichts Spezifisches". Diese Gesetze des thermodynamischen Gleichgewichts bzw. des stationären Zustandes liefern noch nicht den Rahmen, in dem das Phänomen des Lebendigen diskutiert und verstanden werden kann.

4. Dissipative Strukturen

Das sog. Boltzmannsche Ordnungsprinzip (Prigogine), nach dem Systeme eine „Entwicklung" einschlagen, bei denen Differenzen ausgeglichen und Ungleichheiten beseitigt werden bei gleichzeitigem „Vergessen" der Ausgangsbedingungen, ist — wie wir gesehen haben — für die Beschreibung des Verhaltens lebendiger Systeme untauglich. Es ist mit dem Leben nicht vereinbar; denn dort werden ständig Differenzen aufgebaut und aufrechterhalten, Verschiedenheiten geschaffen, Ordnung produziert und bewahrt.

Das Paradoxon Carnot oder Darwin konnte erst einer Lösung nähergebracht werden, als man in der Thermodynamik begann, Systeme weitab von ihrem Gleichgewicht, wo keine linearen Beziehungen zwischen den allgemeinen „Flüssen" und den „Kräften" mehr bestehen, in ihrem Verhalten zu studieren, wie es vor allem durch Ilya Prigogine und seinen Schülern in Brüssel und Austin/Texas geschehen ist. Sie konnten zeigen, daß auch unter gleichgewichtsfernen Bedingungen sich Systeme zu einem Dauerzustand entwickeln können, der aber nicht mehr durch den Extremwert eines bestimmten Potentials gekennzeichnet ist, also auch nicht mehr das „gegenüber Schwankungen immune", stabile Verhalten von Systemen im Gleichgewicht oder in Gleichgewichtsnähe zeigt.

Entfernt man durch Änderungen der Randbedingungen ein System aus seiner stabilen Gleichgewichtslage, so bleibt es zunächst innerhalb des Gültigkeitsbereiches der linearen Ansätze mit konstanten Koeffizienten, d. h., die sich einstellenden stationären Zustände sind durch minimale Entropieproduktion charakterisiert und stabil. Bei weiterer Entfernung vom Gleichgewichtszustand

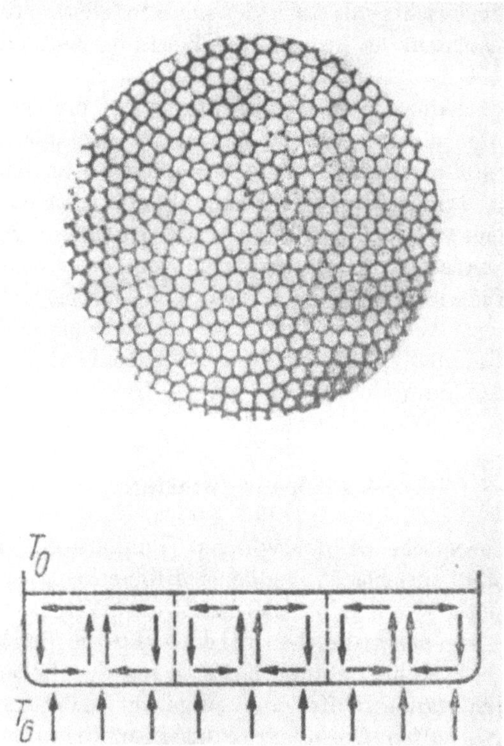

Abb. 5. BÉNARD-Zellen in einer Schicht Walrat (oben, nach einem Original von BÉNARD) und die Konvektionsströme (unten) in Form von Rollzellen, die in einer Flüssigkeitsschicht auftreten, wenn die Temperaturdifferenz zwischen der Grundfläche (T_G) und der Oberfläche (T_O) einen kritischen Wert überschreitet (aus EBELING, FEISTEL: Physik der Selbstorganisation und Evolution. Akademie-Verlag Berlin 1982)

durch Abänderung der Randbedingungen können Zustände erreicht werden, wo irreversible Prozesse auftreten, die nicht mehr den linearen Ansätzen entsprechen. Dann sind, wie GLANSDORFF und PRIGOGINE zeigen konnten, Instabilitäten möglich, die in einen neuen stationären Zustand einmünden können. Man bezeichnet nach PRIGOGINE solche Zustände, die vom Zustand des thermodynamischen Gleichgewichts durch Instabilitäten getrennt sind, als „dissi-

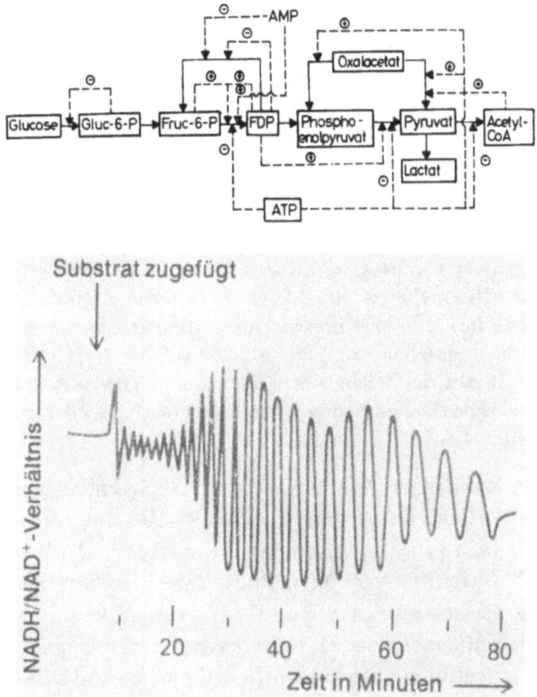

Abb. 6. Die Phosphofructokinase stellt das wichtigste allosterische Kontrollenzym der Glykolyse dar. Es katalysiert den Schritt vom Fructose-6-phosphat (Fruc-6-P) zum Fructose-1,6-diphosphat (FDP) und unterliegt einer Reihe hemmender (ATP, Citrat) bzw. aktivierender (AMP, ADP, anorg. Phosphat, Fruc-6-P, FDP, Adenosin-3,5-monophosphat) Einflüsse (aus HOFMANN: Dynamische Biochemie III, Akademie-Verlag Berlin 1984).

Unten: Eine plötzliche Zugabe von Glucose zu einem Medium, das alle Enzyme der Glykolyse sowie die notwendigen Cofaktoren enthält, löst über Rückkopplungsschleifen innerhalb der Glykolysekette zyklische Konzentrationsschwankungen von Zwischenprodukten aus. Beispiel: Verhältnis zwischen NADH/NAD$^+$ (aus ALBERTS, BRAY, LEWIS, RAFF, ROBERTIS, WATSON: Molekularbiologie der Zelle. VCH Verlagsgesellschaft, Weinheim 1986)

pativ". Sie können im Gegensatz zu den Gleichgewichtsstrukturen nur durch Austausch von Energie und in anderen Fällen auch von Stoffen mit der Umgebung aufrecht erhalten werden. Dissipative Strukturen sind somit „stabile räumliche, zeitliche oder raumzeitliche Strukturen, die sich weitab vom Gleichgewicht jenseits kritischer Parameterwerte im nichtlinearen Bereich ausbilden können" [44].

Solche Dauerzustände fernab vom Gleichgewicht stellen im Widerspruch zum „BOLTZMANNschen Ordnungsprinzip" komplexe Ordnungszustände dar, wie z. B. die sog. BÉNARD-Zellen in einer horizontalen Flüssigkeitsschicht unter der Einwirkung eines vertikalen Temperaturgradienten (Abb. 5).

In Gleichgewichtsnähe wird die Wärme in der Flüssigkeitsschicht durch Leitung (Konduktion) vertikal transportiert. Das System ist stabil. Bei genügendem Abstand vom Gleichgewicht (genügend hoher Temperaturdifferenz) entstehen nichtlineare Effekte, die Wärmeleitung wird instabil. Es treten Konvektionsströme in Form charakteristischer makroskopischer, hexagonaler Konvektionszellen bestimmter Größe auf. Dieser Zustand stellt eine „dissipative Struktur" (PRIGOGINE), eine komplexe räumliche Ordnung dar: Die mehr als 10^{20} Moleküle in jeder BÉNARD-Zelle verhalten sich kooperativ, d. h., sie bewegen sich in den Konvektionsströmen kohärent. Im Zentrum jeder Zelle steigt die Flüssigkeit auf, breitet sich auf der Oberfläche der Flüssigkeitsschicht aus, um am Rande der Zellen wieder abzusinken. Das System zeigt einen höheren Ordnungsgrad als vorher, der durch den Energieaustausch mit der Umgebung aufrechterhalten und stabilisiert wird.

In chemischen Reaktionssystemen, die den Biologen besonders interessieren, müssen für das Auftreten dissipativer Strukturen folgende notwendige Bedingungen erfüllt sein [45]: 1. Offenheit des Systems, 2. Zustand fernab vom Gleichgewicht, 3. Auftreten von Nichtlinearitäten der inneren Dynamik durch autokatalytische Prozesse, 4. Kooperativität der Mikroprozesse und 5. Auftreten geeigneter Fluktuationen. Dazu ist zu sagen, daß alle lebendigen Systeme diese Bedingungen erfüllen: Sie sind offen, denn sie unterhalten einen ständigen Stoff- und Energieaustausch mit ihrer Umwelt. Sie existieren unter gleichgewichtsfernen Bedingungen und zeigen eine nichtlineare Dynamik infolge autokatalytischer Prozesse. Die in ihnen ablaufenden biochemischen und physikalischen Prozesse zeigen einen hohen Grad an Kooperativität durch netzartige Verknüpfung untereinander (Abb. 4), und ihre Dynamik weist Fluktuationen auf (Abb. 6).

Die Bedeutung der Theorie dissipativer Strukturen für das Verständnis von Strukturbildungsprozessen im Bereich des Lebendigen ist unbestritten. Diese Theorie hat die Frage CALLOIS', ob CARNOT und DARWIN gleichzeitig recht haben können, erstmalig zufriedenstellend beantwortet. Sie hat abermals bestätigt, daß sich die Einheit der Natur in der Einheit ihrer Gesetze zeigt. Es gibt kein physikalisches Gesetz, das nicht auch im Bereich des Organischen seine Gültigkeit behielte. Es gibt aber Gesetzmäßigkeiten, die nur den komplexen lebendigen Systemen der Lebewesen eigen sind und in der Welt des Anorganischen fehlen. Das „Leben erscheint uns nicht mehr länger als eine Insel des Widerstandes gegen den zweiten Hauptsatz der Thermodynamik“ [46].

5. Organisation und Organismus

Der Begriff der Organisation wird in der Wissenschaft nicht einheitlich definiert. Er ist auch mathematisch schwer zu fassen, weil er das Konzept der Funktionalität mit beinhaltet. DENBIGH (1975) betonte, daß ein System dann als organisiert bezeichnet werden kann, wenn es bestimmte „Funktionen“ auf Grund des besonderen Zusammenwirkens seiner Komponenten auszuüben in der Lage ist [47]. Organisation ist damit „funktionelle Komplexität“, ist soviel wie „zweckvolles Zusammenwirken“ sowohl von Struktur- als auch von Funktionselementen [48]. In der „Brockhaus Enzyklopädie“ [49] findet man unter dem Stichwort „Organisation“ folgende Bestimmung. Sie ist „das den Lebensanforderungen entsprechende Baugefüge und Funktionsgetriebe der Teile eines Lebewesens, das System des lebenden Organismus, welches das Leben und seine Erhaltung ermöglicht“. So verstanden wäre „Organisation“ in ihrer Verbreitung gar auf die „Organismen“ beschränkt. So verstand auch schon ERNST HAECKEL (1834—1919) „die Art der scheinbar planmäßigen Zusammenfügung“ der Organe als Organisation [50]. „Organismen wurden so genannt, weil sie buchstäblich organisiert sind“, schrieb GEORGE GAYLORD SIMPSON (geb. 1902) [51] und fügte hinzu, daß Dinge „hinsichtlich eines Bezugpunktes organisiert“ seien. Die komplexe Organisation eines lebendigen Wesens sei „in den meisten Fällen nützlich ... für das Individuum oder die Population, in der das Individuum Mitglied ist. Sie dient einem Ziel und ist in diesem Sinne finalistisch, sie hat einen Zweck und ist in diesem Sinne teleologisch.“

Organisation in diesem Sinne ist nicht auf die Ebene ausgewachsener Organismen beschränkt, sie ist vielmehr auf allen Ebenen zu finden. Auf der zellulären Ebene unterscheidet BENNO HESS folgende drei Organisationsformen [52]:

1. Eine räumliche Organisation durch Kompartimentierung in verschiedene Funktionsbereiche.
2. Eine chemische Organisation durch Rückkopplung in Form von Kreisprozessen mit dem Ergebnis eines enzymatischen Netzwerkes höchster Komplexität (Abb. 4).
3. Eine zeitliche Organisation durch Einstellen dynamischer „Fahrpläne“.

Erst diese drei Organisationsformen in ihrem Zusammenwirken machen die „Organisationsfunktion“ aus, die nach JEAN PIAGET (geb. 1896) [53] als „das Funktionieren einer Struktur“ gekennzeichnet werden könnte. PIAGET nennt drei Eigenschaften zur Charakterisierung der Organisationsfunktion [53]: 1. Ihre Erhaltungsfunktion, 2. das Aufeinanderbezogensein der Teilprozesse und 3. die ständige Selbsterneuerung.

Die Entdeckung der dissipativen Strukturen hat wesentlich zum besseren Verständnis der Eigenart des Lebendigen beigetragen, falsch wäre auf dem gegenwärtigen Stand der Theorie aber wiederum der Standpunkt eines „ontologischen Reduktionismus" (DONALD MAC KAY), daß die Lebewesen „nichts anderes" als dissipative Strukturen seien. „Es ist verlockend", schrieb PRIGOGINE, „die lebenden Systeme als offene Systeme zu definieren, die eine dissipative Struktur darstellen, die auf chemischen Instabilitäten beruht" [46]. Er räumt mit Recht ein, daß eine solche Definition noch unvollkommen sei und wesentlich genauere Angaben über den Typ der beteiligten chemischen Reaktionen erforderlich seien, um wesentliche Merkmale des Lebens zu erklären.

Man darf wichtige Unterschiede zwischen den dissipativen Strukturen aus der Physik, wie z. B. der BÉNARD-Zellen und dem Laser, und aus der Chemie, wie z. B. der ZHABOTINSKY-Reaktion und dem „Brüsselator", auf der einen und den organischen Strukturen auf der anderen Seite nicht übersehen, um nicht zu voreiligen Verallgemeinerungen und damit zu falschen Schlußfolgerungen zu gelangen. Der wesentliche Unterschied ist, daß der für die Herbeiführung und Aufrechterhaltung der Ordnung notwendige Entropieexport eine Leistung des Organismus selbst ist und nicht durch äußere Triebkräfte herbeigeführt wird. „Die Ordnung ... wird nicht durch eine äußere Pumpe, sondern durch einen inneren Mechanismus aufrechterhalten" [54]. „Kennzeichnend für alles Lebensgeschehen", schrieb ROTHSCHUH einmal, „ist das aus sich selbst Verlaufende des Geschehens, das Sich-Selbst-Bewegen, das Sich-Selbst-Differenzieren, kurz die Selbstbestimmung der Ordnung" [55]. Die anorganischen dissipativen Strukturen sind dagegen fremdbestimmt. Sie entstehen oder verschwinden wieder, ganz wie es die äußeren Parameter dem System aufzwingen.

JACQUES MONOD stellt dazu in seinem Buch „Zufall und Notwendigkeit" völlig richtig fest, daß das Leben „fast nichts der Einwirkung äußerer Kräfte, aber alles — von der allgemeinen Gestalt bis in die kleinste Einzelheit — seinen inneren, ‚morphogenetischen' Wechselwirkungen" verdanke. Seine Struktur beweise „eine klare und uneingeschränkte Selbstbestimmung, die eine quasi totale ‚Freiheit' gegenüber äußeren Kräften und Bedingungen" einschließe. „Äußere Bedingungen können die Entfaltung des lebenden Objekts wohl behindern, nicht jedoch lenken, sie können ihm seine Organisation nicht aufzwingen. Durch den autonomen und spontanen Charakter der morphogenetischen Prozesse, in denen sich ihre makroskopische Struktur aufbaut", so stellt MONOD weiter fest, „unterscheiden sich die Lebewesen absolut von den Artefakten" [56]. Aus einem Weizenkorn keimt immer wieder ein Weizenhalm, ein Leopard bringt immer wieder einen Leoparden in allen seinen Details zur Welt. Da ist kaum etwas dem Zufall überlassen, wie es bei der Bildung der Wolken am Himmel oder der Turbulenzen im Wasserstrahl der Fall ist. Die „Entscheidungen“ sind vorgegeben, sie stellen keinen zufälligen „Symmetriebruch“ dar.

Die Organismen repräsentieren im wahren Sinne des Wortes „selbstorganisierende Systeme“, wenn wir mit KRUEGER [57] unter Selbstorganisation „die Fähigkeit eines Systems, aus sich heraus eine Stabilität der Funktion, die auch eine eigene Reproduktion einschließt, zu entwickeln“, verstehen wollen „und zwar in einem gewissen Bereich von Umgebungsbedingungen von diesen unabhängig, jedoch auf eben diesen Bereich angepaßt. Damit wären die BÉNARD-Instabilitäten und andere anorganische dissipative Strukturen bestenfalls bei weiter Fassung des Begriffes „organisiert“, aber nicht „selbstorganisiert“.

Diesen „autonomen und spontanen Charakter“, diese „Selbsttätigkeit oder „Autoergie“, wie sie WILHELM ROUX einmal bezeichnet hat [58], verdanken die Organismen ihrem genetischen Programm. Dieses Programm hat selbst seine Geschichte, die bis zum Ursprung des Lebens zurückreicht. Es hat sich im Rahmen der Phylogenese immer weiter vervollkommnet und schließt somit die „Erfahrungen“ aller Vorfahren ein. Es kann heute nicht mehr neu entstehen, sondern muß jeweils in der Kette der Generationen weitergegeben werden. Der Besitz eines genetischen Programms stellt, wie ERNST MAYR hervorhebt, „einen absoluten Unterschied zwischen Lebewesen und unbelebter Materie dar“ [59].

Es werden Strukturen aufgebaut, und es laufen Prozesse im Organismus unter der Kontrolle dieses Programms ab, die alle den Charakter des Zweckmäßigen, zweckmäßig für die Erhaltung des Systems, tragen. Der durchgängige Tatbestand der Zweckmäßigkeit im Organischen kann nicht geleugnet werden. Seine Erklärung mußte in der vorevolutionistischen Biologie zwangsläufig in eine Sackgasse führen, aus der man meinte, nur durch die Anerkennung einer „den Stoff selbst innewohnenden intelligenten Ursache“, eines immateriellen Zwecksetzers im Lebewesen selbst („immanente Teleologie“) bzw. eines äusseren zwecksetzenden „Weltschöpfers“ oder „Weltbaumeisters“ („transzendente Teleologie“) herauskommen zu können. Hat man aber erst die Lebewesen als in einer langen Phylogenese durch Mutation, Rekombination und Auslese entstandene Entitäten und in ihrer Prozeßhaftigkeit voll begriffen, so wird klar, daß die Zweckmäßigkeit nicht etwas sein kann, was den Lebenserscheinungen „aufgepfropft“ ist, sondern ein entscheidendes Merkmal des Lebendigen selbst. „Gehört ... die Selbsterhaltung“ zum Begriff des Lebendigen, „so müssen notwendig auch die Mittel der Selbsterhaltung zu ihm gehören“, folgerte NICOLAI HARTMANN (1882—1950) [60] völlig zu Recht. Selbsterhaltung setzt Zweckmäßigkeit der selbsterhaltenden, systemerhaltenden Prozesse voraus. Unzweckmäßiges würde die Existenz des Lebewesens früher oder später gefährden oder sogar irreversibel vernichten. „Da durch die Selektion Strukturen ‚herausgezüchtet‘ werden, die eine bestimmte arterhaltende Funktion besonders gut ausfüllen, sehen sie im Enderfolg so aus", schrieb KONRAD LORENZ (geb. 1903), „als wären sie von einem weise voraussehenden und klug planenden Geist zu eben diesem Zwecke erschaffen" [61].

MONOD nannte, wie bereits erwähnt, drei allgemeine Eigenschaften, die alle Lebewesen auszeichnen und vom übrigen Universum unterscheiden: Neben der autonomen Morphogenese und der reproduktiven Invarianz nennt er die Teleonomie. Er bezeichnet „alle Strukturen, alle Leistungen, alle Tätigkeiten, die zum Erfolg des eigentlichen Projekts beitragen", als „teleonomisch", wobei das „Projekt" in der „Erhaltung und Vermehrung der Art besteht" [62].

Im Gegensatz zur Physik sind in der Biologie Fragen nach dem Zweck nicht nur legitim, sondern von größter heuristischer Bedeutung für den wissenschaftlichen Fortschritt, was bereits 1842, also 17 Jahre vor dem Erscheinen der „Entstehung der Arten" von DARWIN, HERMANN LOTZE (1817–1881) völlig richtig gesehen hat [63]. Man kann ERNST MAYR nur beipflichten, wenn er feststellt, daß weitaus die meisten großen Fortschritte in der Biologie dadurch möglich geworden seien, daß die Frage nach dem Zweck gestellt wurde [64].

6. Physik und Biologie

Die Physik hat sich bis in die Gegenwart weitestgehend unter Ausschluß des Lebendigen entwickelt. In ihr spielen dynamische Systeme mit einem internen teleonomen Programm keine Rolle. Sie kennt den Begriff des Zweckmäßigen und eine Evolution durch Mutation und Selektion nicht. Deshalb kam ERWIN CHARGAFF zu der Einschätzung, daß Leben etwas sei, „bei dem sich die exakten Wissenschaften nicht recht wohl fühlen" [65].

CARL FRIEDRICH VON WEIZSÄCKER meinte einmal: „Die Physiker haben sich die einfachsten Probleme ausgesucht, die es überhaupt gibt, dagegen die Biologen vielleicht die interessantesten; aber die interessantesten Probleme sind nicht notwendigerweise die einfachsten" [66]. Das ist auch der Grund für die zur Zeit noch bestehende „Unsymmetrie zwischen beiden Wissenschaften" [66]. Die Physik ist in der theoretischen Durchdringung und Vereinheitlichung ihrer Aussagen der Biologie zur Zeit weit voraus, dafür beziehen sich ihre Aussagen aber auf sehr eng gezogene Bereiche unserer Gesamtwirklichkeit.

EINSTEIN fragte sich, welche Stellung das Weltbild des theoretischen Physikers unter all den möglichen Bildern der Welt einnehme, und antwortete: „Es stellt die höchsten Anforderungen an die Straffheit und Exaktheit der Darstellung der Zusammenhänge, wie sie nur die Benutzung der mathematischen Sprache verleiht. Aber dafür muß sich der Physiker stofflich umso mehr bescheiden, indem er sich damit begnügen muß, die allereinfachsten Vorgänge abzubilden, die unserem Erleben zugänglich gemacht werden können, während alle komplexen Vorgänge nicht mit jener subtilen Genauigkeit und Konsequenz, wie sie der theoretische Physiker fordert, durch den menschlichen Geist nachkonstruiert werden können. Höchste Reinheit, Klarheit und Sicherheit auf Kosten der Vollständigkeit“ [67].

Das physikalische Weltbild imponiert durch seine Geschlossenheit und Exaktheit. Es beschreibt aber nur einen Teil unserer Welt. Das Lebendige, dem wir selbst angehören und dem wir auf unserer Erde auf Schritt und Tritt begegnen, wird von den Theorien der Physik noch sehr unvollkommen erfaßt. Dieser Tatsache hat WERNER HEISENBERG (1901—1976) wie folgt Ausdruck verliehen, er schrieb: „Ähnlich wie früher in der Chemie lernt man aus den einfachsten biologischen Erfahrungen, daß die lebendigen Organismen einen Grad an Stabilität zeigen, den allgemeine komplizierte Strukturen, die aus vielen verschiedenen Molekülen zusammengesetzt sind, sicherlich nicht einfach auf Grund der physikalischen und chemischen Gesetze besitzen können. Deshalb muß den physikalischen und chemischen Gesetzmäßigkeiten etwas hinzugefügt werden, bevor man die biologischen Erscheinungen vollständig verstehen kann“ [68].

Selbstverständlich muß man davon ausgehen, daß alle physikalischen Gesetze auch im Bereich des Organischen ihre volle Gültigkeit behalten, die Gravitationsgesetze ebenso wie das Prinzip der Energieerhaltung oder die Gesetze der chemischen Reaktionskinetik. Kein Organismus hat die Fähigkeit, physikalische Gesetze außer Kraft zu setzen, wie es die alten Vitalisten — aber nicht mehr HANS DRIESCH (1867—1941) in seinem „Neovitalismus“ — immer wieder behauptet haben. Man wird auch keine „neue Kraft“ im Organischen finden, die im Anorganischen fehlt, und trotzdem reicht die gegenwärtige Physik nicht aus, das Lebensphänomen zufriedenstellend verständlich zu machen.

Erst in unseren Tagen entwickelt sich die Physik von einer „Wissenschaft vom Sein“ zu einer „Wissenschaft vom Werden“, wie PRIGOGINE in seinem bekannten Buch uns so anschaulich vor Augen geführt hat [69]. Die damit verbundene „Entdeckung der Komplexität ist vor allem eine Herausforderung“, sagt PRIGOGINE. „Sie erinnert uns daran, daß unsere Wissenschaften noch immer in ihren bewegten, bisweilen aber auch dogmatischen Anfängen stecken. Heute erkennen wir langsam, was eine innerlich aktive Welt bedeutet, und damit begreifen wir allmählich, wie unwissend wir noch immer sind“ [70]. EINSTEIN soll gegenüber LEO SZILARD einmal bemerkt haben: „Man könne am besten vom Studium der lebenden Dinge aus begreifen, wie primitiv die Physik noch ist“ [71].

Wenn FRANCIS CRICK (geb. 1916) formuliert, daß „das letzte Ziel der modernen Entwicklung in der Biologie darin bestünde, alle Biologie in Begriffen der Physik und Chemie zu erklären“ [72], so ist dagegen nichts einzuwenden. Man muß allerdings dazu sagen, was für eine Physik — und dabei soll die Chemie mit eingeschlossen sein — gemeint sein soll. Mit Sicherheit nicht die Physik, wie sie uns heute vorliegt. Sowohl die Physik als auch die Biologie müssen sich weiterentwickeln, wobei sie sich auch aufeinander zu entwickeln werden. Es müßte eine wesentlich erweiterte Physik sein, die eher — wie GEORG WALD einmal sagte [73] — zu einer Biologie herangereift sein wird als umgekehrt die Biologie zu einer Physik.

ROBERT ROSEN, ein Schüler des bekannten Pioniers auf dem Gebiet der mathematischen Biophysik NICOLAS RASHEVSKY, hat sich vor zwei Jahren (1985) in ganz ähnlicher Weise geäußert. Er schrieb, daß es nicht nachdrücklich genug betont werden könne, „daß der Übergang von der Einfachheit zur Komplexität nicht nur eine technische Angelegenheit ist, die im Rahmen des Newtonschen Paradigmas zu behandeln sei; Komplexität ist nicht bloß Komplizierung, die durch eine andere Anzahl von Dimensionen des Zustandsraumes oder durch ein längeres Rechnerprogramm beschrieben werden müßte, sondern eine ganz neue theoretische Welt mit einer damit verbundenen ganz neuen Physik" [74]. Die Art von Systemen, mit denen man es in der Biologie zu tun hat, mit ihrem hohen Selbstorganisations- und Komplexitätsgrad wird von der gegenwärtigen physikalischen Theorie kaum erfaßt. Nicht die Biologie ist es deshalb, die auf die zeitgenössische Physik zurückzuführen ist, um schließlich in ihr aufzugehen, wie die Reduktionisten es fordern, es ist umgekehrt die Physik, die gezwungen ist, ihre wissenschaftliche Analyse auch auf solche komplexen Systeme mit spezifischen Eigenschaften auszudehnen, wie wir sie in den Lebewesen vorfinden. Ob wir diese „vereinheitlichte Wissenschaft" (C. F. v. WEIZSÄCKER [75]) der Zukunft, die sich unter Überwindung der gegenwärtig noch bestehenden Kluft zwischen dem Theoriengebäude der Physik und der Biologie gleichermaßen auf die anorganische und organische Wirklichkeit beziehen muß, noch Physik nennen oder einen anderen Begriff dafür finden, ist unwichtig. CARL-FRIEDRICH VON WEIZSÄCKER meinte einmal, „daß diese Grundwissenschaft mit dem Begriff ‚Wissenschaft von der Entwicklung' beschrieben werden könnte" [75].

7. Schluß

Die Lebewesen bleiben auch heute noch für uns in unserem physikalisch geprägten Weltbild recht „seltsame Objekte" (MONOD). Und das seltsamste Objekt unter ihnen sind wir selbst. Das Leben auf unserem Planeten hat mit uns Wesen hervorgebracht, die nicht nur leben, sondern sich selbst bewußt erleben, die um die Vergänglichkeit ihrer eigenen Existenz und ihres unausweichlichen Todes wissen und ihre Zukunft planend gestalten, die sich eine Sprache schafften und Wissen über diese, ihre Welt anhäuften. Wesen aber auch, die sich in einer kaum noch zu überbietenden Selbstüberschätzung als „Beherrscher der Natur" dünken, der sie aber „mit Fleisch und Blut und Hirn", wie ENGELS schon vor hundert Jahren betonte [76], selbst angehören und aus der sie sich nicht und niemals entlassen können. Nutzung der Naturgesetze wird mit Herrschaft über die Natur verwechselt. Eine solche Beherrschung hat es nie gegeben und ihr Versuch entpuppt sich in unseren Tagen immer deutlicher als Vergewaltigung der Natur. — Die Vernunft des Menschen ist weit hinter seinen schnell gewachsenen technischen Möglichkeiten zurückgeblieben. Die dringende Forderung unserer Zeit kann nicht „Beherrschung der Natur" als etwas dem Menschen Gegenüberstehendes und auch nicht „Zurück zur Natur" unter Verzicht auf jeglichen technischen Fortschritt lauten, sondern sie muß heißen: Vorwärts zu einer humanen Welt unter voller harmonischer Einbeziehung der Natur. Der Lebensstrom — einmal in Gang gekommen auf unserer Mutter Erde — ist in seiner Kontinuität und Komplexität singulär, jede Unterbrechung dieses Stromes bedeutet irreparablen Verlust.

Lassen Sie mich zum Ausgangspunkt unserer Betrachtungen, zum Beginn der sog. Neuzeit zurückkehren. Hatte man bis dahin im Rahmen der ptolemäischen Weltsicht unsere Mutter Erde als Mittelpunkt der Welt gesehen, in der Sonne, Mond und Sterne auf vorbestimmten Bahnen ihre Kreise um die Erde ziehen, so wurde durch NIKOLAUS KOPERNIKUS (1473—1543) unserer Erde ihre Sonderstellung genommen und zu einer „Nebensache" gemacht. Das war mehr als nur die Korrektur einer wissenschaftlichen Auffassung auf Grund neuer Messungen und Beobachtungen, das war die Korrektur eines Weltbildes. Es ist deshalb schon berechtigt, wenn KUHN von einer „kopernikanischen Revolution" oder GERHARD VOLLMER von einer „kopernikanischen Wende" [77] sprechen.

Dieser „großen Kränkung ihrer naiven Eigenliebe" (S. FREUD [78]) durch KOPERNIKUS folgte mehr als dreihundert Jahre eine zweite, nicht minder große, die die Menschheit von der Wissenschaft erdulden mußte. War durch KOPERNIKUS die vom Menschen bewohnte Erde ihrer Sonderstellung beraubt worden, so war es jetzt durch CHARLES DARWIN (1809—1882) und seine Nachfolger der Mensch selbst. Er erscheint nicht mehr als die „Krone der Schöpfung", schon gar nicht als das Ziel der Entwicklung, sondern als ein Produkt neben vielen anderen in der langen Kette der Entwicklung des Lebendigen auf unserer Erde. Das Werk KOPERNIKUS' 1543 „De revolutionibus orbium coelestium libri VI" und das DARWINS 1859 „On the origin of species by means of selection" „gehören in der Sicht des Historikers zusammen, sind Marksteine auf dem Wege einer fortschreitenden Bewußtwerdung der Relativität der menschlichen Existenz", schrieb H. M. PETERS [79].

Durch die beiden „kopernikanischen Wenden" ist dem Menschen und seiner „Mutter Erde" zwar die Sonderposition genommen, es ist aber versäumt worden, ihm eine neue Position zuzuweisen. Ist nicht nach wie vor durch sein Bewußtsein jeder einzelne Mensch, jeder für sich Mittelpunkt seiner eigenen Welt, die er mit sich herumträgt, wohin er auch geht? Hat nicht HANS BLUMENBERG recht, wenn er schreibt: „Das ist die Zweideutigkeit des Himmels: er vernichtet unsere Wichtigkeit durch seine Größe, aber er zwingt uns auch durch seine Leere, nichts anderes wichtiger zu nehmen als uns selbst“ [80]. Das von den Naturwissenschaften, von der Physik (einschließlich der Chemie) und der Biologie gezeichnete Bild unserer Welt ist ein unvollständiges, einseitiges und verzerrtes. In ihm gibt es keine Freude, keine Wünsche, keine Werte, weder Schönes noch Häßliches, weder Licht noch Schatten, keine Moral, keine Kunst, keine Ziele und keinen Zweck. „Die materielle Welt konnte bloß konstruiert werden um den Preis“, schrieb ERWIN SCHRÖDINGER einmal [81], „daß das Selbst, der Geist, daraus entfernt wurde“. Wir alle haben uns längst daran gewöhnt, in zwei Welten zu leben, mit ARTHUR STANLEY EDDINGTON (1882 bis 1944) „zwei Schreibtische“ zu unterscheiden [82], einen aus dem Alltagsleben: uns vertraut, massiv, stabil, formgerecht dazu geeignet, daran zu sitzen, unser Blatt Papier darauf auszubreiten, um es zu beschreiben; und einen aus unserem naturwissenschaftlichen Weltbild: ohne Sinnesqualitäten, aus vielen, vielen winzigen Atomkernen mit ihren Elektronenschalen bestehend, die zwischen sich viel Raum frei lassen.

„In der Genesis der kopernikanischen Welt“, sagte uns HANS BLUMENBERG [80], „ist dem Menschen keine neue ‚Stellung im Kosmos‘ definiert worden; aber sie macht es ihm dringend, eine solche zu definieren“. Mit dem Menschen sind auf „unserem“ Planeten in einem Kosmos lebenswidriger Bedingungen durch eine Reihe „glücklicher“ Umstände Kreaturen entstanden, die allein in der Lage sind, ihre Existenz bewußt zu reflektieren, Zwecke und Ziele zu setzen und ihrem eigenen Dasein einen Sinn zu geben. Nur der Mensch kann sein Ich dem „Rest der Welt“ gegenüberstellen, Vergangenheit, Gegenwart und Zukunft trennen. Ihm obliegt damit auch voll die Verantwortung für sein Tun. Es wird Zeit, höchste Zeit, daß sich der Mensch, dieser „Volltreffer der Evolution“ (H. MARKL [83]), der sich alle Lebensräume unserer Erde untertan und zunutze gemacht hat, auch seiner Verantwortung für die „globalen“ Probleme seiner Zeit bewußt wird und zielstrebig danach handelt, daß auch morgen noch unser „blauer Planet“, unsere „Mutter Erde“ in ihrer lebendigen Schönheit „erstrahlt“. Die im langen Prozeß der wissenschaftlich-technischen Forschung gesammelten Kenntnisse kann und muß er dabei nutzbringend anwenden, die Ziele und Zwecke seines Handelns folgen aber nicht aus der Wissenschaft, sie müssen der Vernunft des Menschen, der sich selbst den Namen „Homo sapiens“ gegeben hat, entspringen. „Selbst eine ganze Gesellschaft, eine Nation, ja alle gleichzeitigen Gesellschaften zusammen genommen sind nicht Eigentümer der Erde. Sie sind ihre Besitzer, ihre Nutznießer, und haben sie als boni patres familias den nachfolgenden Generationen verbessert zu hinterlassen", lesen wir im „Kapital" von KARL MARX (1818—1883) [84] und stimmen ihm zu.

Literaturverzeichnis

[1] ARISTOTELES: De Partibus Animalium I, 5, 644b 31—645a 4
[2] ENGELS, F.: Dialektik der Natur. Dietz-Verlag, Berlin 1975, S. 10
[3] HEGEL, G. W. F.: Vorlesungen über die Geschichte der Philosophie, 3. Bd. Verlag Philipp Reclam jun., Leipzig 1982, S. 150—163
[4] s. [2], S. 164—186
[5] PRIGOGINE, I. u. I. STENGERS: Dialog mit der Natur. Neue Wege naturwissenschaftlichen Denkens. 5. Aufl., Verlag R. Piper & Co., München—Zürich 1986, S. 68
[6] WEIZSÄCKER, C. F. v.: Die Einheit der Natur. Deutscher Taschenbuch-Verlag, München 1984, S. 185
[7] s. [6], S. 186
[8] s. [5], S. 68
[9] KANT, I.: Metaphysische Anfangsgründe der Naturwissenschaft (1786). Werke in sechs Bänden, hrsg. von W. WEISCHEDEL. Neue Insel-Ausgabe, Wiesbaden 1964, Bd. 5, S. 12 u. 14
[10] MAYR, E.: Die Entwicklung der biologischen Gedankenwelt. Springer-Verlag, Berlin—Heidelberg—New York—Tokyo 1984, S. 80
[11] KANT, I.: Kritik der Urteilskraft (1790). Verlag Philipp Reclam jun., Leipzig 1968, S. 324
[12] zit. aus MAYR, E.: Die Entwicklung der biologischen Gedankenwelt. Vielfalt, Evolution und Vererbung. Springer-Verlag, Berlin—Heidelberg—New York—Tokyo 1984, S. 94
[13] VERWORN, M.: Die Mechanik des Geisteslebens. 4. Aufl., Verlag B. G. Teubner, Leipzig—Berlin 1919, S. 5
[14] SCHRÖDINGER, E.: Geist und Materie. Paul Zsolnay-Verlag, Wien—Hamburg 1986, S. 145
[15] s. [5], S. 203
[16] s. [5], S. 285
[17] KOYRÉ, A.: Études Newtoniennes. Paris 1968
[18] DU BOIS-REYMOND, E.: Über die Grenzen des Naturerkennens. Verlag Velhagen & Klasing, Bielefeld—Leipzig 1927, S. 7
[19] D'ALEMBERT, J. LE ROND: Einleitung zur Enzyklopädie
[20] JAKOB, F.: Das Spiel der Möglichkeiten. Von der offenen Geschichte des Lebens. 2. Aufl., R. Piper & Co. Verlag, München—Zürich 1984, S. 74
[21] NORDENSKIÖLD, E.: Die Geschichte der Biologie. Ein Überblick. Verlag Gustav Fischer, Jena 1926, S. 335
[22] SCHELLING, F. W. J.: Von der Weltseele. 1798, S. 298
[23] KIELMEYER, C. F.: Über die Verhältnisse der organischen Kräfte unter einander in der Reihe der verschiedenen Organisationen, die Geseze und Folgen dieser Verhältniße. Eine Rede, den 11ten Februar 1793 am Geburtstage des regierenden Herzogs

Carl von Wirtemberg im großen akademischen Hörsale gehalten (Nachdruck in: Sudhoffs Archiv für Geschichte der Medizin **23** (1930) 247–267)
[24] DELBRÜCK, M.: A physicist looks at biology. Trans. Conn. Acad. Arts Sci. **38** (1949) 173–190
[25] MONOD, J.: Zufall und Notwendigkeit. Philosophische Fragen der modernen Biologie. 2. Aufl., Deutscher Taschenbuch-Verlag, München 1975, S. 30 u. 33
[26] ROSS, W. D.: Aristotle's Physics. Oxford 1955
[27] PRIGOGINE, I.: Vom Sein zum Werden. Zeit und Komplexität in den Naturwissenschaften. 2. Aufl., Verlag R. Piper & Co., München–Zürich 1980, S. 12 u. 35
[28] s. [27] S. 18
[29] s. [5] S. 128
[30] s. [5] S. 137
[31] s. [14] S. 122
[32] SCHRÖDINGER, E.: Mein Leben, meine Weltsicht. Paul Zsolnay-Verlag, Wien–Hamburg 1985, S. 50
[33] s. [25] S. 34
[34] SCHRÖDINGER, E.: Was ist Leben? Die lebende Zelle mit den Augen des Physikers betrachtet. 2. Aufl., Leo Lehnen-Verlag GmbH, München 1952, S. 99
[35] CALLOIS, R.: La dissymétrie. In: Cohérences aventureuses. Paris 1973, S. 198
[36] AUERBACH, F.: Die Grundbegriffe der modernen Naturlehre. Einführung in die Physik. 4. Aufl., Teubner Verlagsges., Leipzig 1917, S. 143
[37] s. [5] S. 137
[38] PLANCK, M.: Wege zur physikalischen Erkenntnis. 4. Aufl., Leipzig 1944
[39] s. [34] S. 108–113
[40] KLEINIG, H. u. P. SITTE: Zellbiologie. VEB Gustav Fischer-Verlag, Jena 1984, S. 28
[41] CHARGAFF, F.: Das Feuer des Heraklit. Skizzen aus einem Leben vor der Natur. Ernst Klett-Verlag, Stuttgart 1981, S. 94
[42] KUHN, H. u. J. WASER: Selbstorganisation der Materie und Evolution früher Formen des Lebens. In: Biophysik (Hrsg.: HOPPE, W., W. LOHMANN, H. MARKL, H. ZIEGLER). 2. Aufl., Springer-Verlag, Berlin–Heidelberg–New York 1982, S. 866
[43] s. [40] S. 9–10
[44] EBELING, W. u. R. FEISTEL: Physik der Selbstorganisation und Evolution. Akademie-Verlag Berlin 1982, S. 42
[45] JETSCHKE, G.: Prinzipien der spontanen Strukturbildung in Physik, Chemie und Biologie. Biol. Rdsch. **21** (1983) 73–92
[46] PRIGOGINE, I.: Structure, dissipation and life. In: Theoretical Physics and Biology (ed.: M. MAROIS), North Holland Publ. Comp. Amsterdam–London 1969, p. 50
[47] DENBIGH, K.: In: Entropy and Information in Science and Philosophy (eds.: KUBAT, L. and J. ZEMAN). American Elsevier, New York 1975, pp. 83–92
[48] WUKETITS, F. M.: Zustand und Bewußtsein. Leben als biophilosophische Synthese. Hoffmann und Campe, Hamburg 1985, S. 150
[49] Brockhaus Enzyklopädie in zwanzig Bänden, 17. Aufl., F. A. Brockhaus Wiesbaden, 13. Bd. (1971), S. 790

[50] HAECKEL, E.: Die Lebenswunder. Alfred Kröner-Verlag, Stuttgart o. J., S. 13
[51] SIMPSON, G. G.: Verhalten und Evolution. Aus: Evolution und Verhalten (Hrsg.: ROE, A. u. G. G. SIMPSON). Suhrkamp-Verlag 1969, S. 230
[52] HESS, B.: Ernährung — Ein Organisationsproblem der biologischen Energieumwandlung. Jahrb. Max-Planck-Gesellschaft 1974, S. 64
[53] PIAGET, J.: Biologie und Erkenntnis. Über die Beziehungen zwischen organischen Regulationen und kognitiven Prozessen. Fischer Taschenbuch-Verlag, Frankfurt a. M. 1983, S. 150—152
[54] s. [44] S. 67—73
[55] ROTHSCHUH, K. E.: Theoretische Biologie und Medizin. Berlin 1936, S. 29
[56] s. [25], S. 28—29
[57] KRUEGER, F. R.: Physik und Evolution. Physikalische Ansätze zu einer Einheit der Naturwissenschaften auf evolutiver Grundlage. Paul Parey-Verlag, Berlin—Hamburg 1984, S. 189
[58] ROUX, W.: Der züchtende Kampf der Theile oder die „Theilauslese" im Organismus. V. Cap. Über das Wesen des Organischen. Gesammelte Abhandlungen über Entwicklungs-Mechanik der Organismen. 1. Bd., Wilhelm Engelmann, Leipzig 1895, S. 387—416
[59] s. [12] S. 46
[60] HARTMANN, N.: Philosophische Grundfragen der Biologie. Vandenhoeck & Ruprecht, Göttingen 1912, S. 88
[61] LORENZ, K.: Die Rückseite des Spiegels. Versuch einer Naturgeschichte menschlichen Erkennens. Deutscher Taschenbuch-Verlag, München 1982, S. 38
[62] s. [25] S. 30—31
[63] LOTZE, H.: Leben, Lebenskraft. In: Handwörterbuch der Physiologie (Hrsg.: R. WAGNER). Braunschweig 1842, Bd. 1, S. 9ff.
[64] MAYR, E.: Evolution und die Vielfalt des Lebens. Springer-Verlag, Berlin—Heidelberg—New York 1979, S. 221
[65] s. [41], S. 178
[66] WEIZSÄCKER, C. F. v.: Gedanken über das Verhältnis der Biologie zur Physik. Nova Acta Leopoldina NF 31, Nr. 77 (1966) 237—251
[67] EINSTEIN, A.: Prinzipien der Forschung. Rede zum 60. Geburtstag von Max Planck (1918). In „Mein Weltbild", Berlin 1977, S. 225—226
[68] HEISENBERG, W.: Physik und Philosophie. Berlin 1959, S. 81
[69] PRIGOGINE, I.: Vom Sein zum Werden. Zeit und Komplexität in den Naturwissenschaften. 2. Aufl., Verlag R. Piper & Co., München—Zürich 1980
[70] s. [5] S. 311
[71] Theoretical Biology and Complexity (ed.: B. ROSEN). Academic Press Inc., New York—London 1985, S. 202
[72] CRICK, F.: Of molecules and man. Univ. of Washington Press, Seattle—London 1966, S. 10
[73] WALD, G.: Innovation in biology. Sci. Amer. **199** (1958) 107—113
[74] s. [71] S. 171
[75] WEIZSÄCKER, C. F. v.: Die philosophische Interpretation der modernen Physik, 10. Aufl., Nova Acta Leopoldina NF 37/2, Nr. 207 (1986)

[76] ENGELS, F.: Dialektik der Natur. Dietz-Verlag, 8. Aufl. 1975, S. 173–174

[77] VOLLMER, G.: Evolutionäre Erkenntnistheorie. 3. Aufl., S. Hirzel-Verlag, Stuttgart 1983, S. 170ff.

[78] FREUD, S.: Vorlesungen zur Einführung in die Psychoanalyse. Fischer Taschenbuch-Verlag 1979, S. 226

[79] PETERS, H. M.: Historische, soziologische und erkenntnistheoretische Aspekte der Lehre Darwins. In: Neue Anthropologie (Hrsg.: GADAMER, H.-G. u. P. VOGLER). Bd. 1: Biologische Anthropologie. DTV, München 1972, S. 326

[80] BLUMENBERG, H.: Die Genesis der kopernikanischen Welt. Bd. 1: Die Zweideutigkeit des Himmels – Eröffnung der Möglichkeit eines Kopernikus. Verlag Suhrkamp, Frankfurt a. M. 1981

[81] s. [14] S. 60

[82] EDDINGTON, A. S.: The nature of the physical world. Cambridge University Press 1928

[83] MARKL, H.: Evolution, Genetik und menschliches Verhalten. Verlag R. Piper & Co., München–Zürich 1985, S. 12

[84] MARX, K.: Das Kapital. Bd. III. Marx-Engels-Werke Bd. 25. Dietz-Verlag, Berlin 1964, S. 784

Band 116

Heft 1 Prof. Dr. WERNER RIES, Studien zum biologischen Alter
1982. 27 Seiten – 10 Abbildungen – 8° – M 4,–

Heft 2 Prof. Dr. RUDOLF SACHSENWEGER, Augenunabhängige optosensorische Wahrnehmungsformen
1983. 19 Seiten – 8° – M 4,–

Heft 3 Prof. Dr. HANS-GEORG SCHÖPF, Die Griechen und die Natur 1983. 62 Seiten – 8° – M 8,–

Heft 4 Prof. Dr. Ing. JÁN BENETIN, Mathematisches Modell für das Wachstum von landwirtschaftlichen Kulturen und seine Verwertung in der quantitativen Beurteilung des Bewässerungseffektes auf die Steigerung der Ernteerträge 1983. 36 Seiten – 18 Abbildungen – 3 Tabellen – 8° – M 6,–

Heft 5 Prof. Dr. HANS DRISCHEL†, Neues über die Pupille
1983. 30 Seiten – 26 Abbildungen – 8° – M 4,–

Heft 6 Prof. Dr. BENNO PARTHIER, Der Beitrag der Molekularbiologie zur Evolutionserkenntnis
1983. 41 Seiten – 19 Abbildungen – 2 Tabellen – 8° – M 6,–

Heft 7 Prof. Dr. ADOLF WATZNAUER, Die Rolle des Radons (Isotop ^{222}Rn) als Umweltfaktor – eine Übersicht
1983. 34 Seiten – 3 Abbildungen – 4 Tabellen – 8° – M 5,–

Band 117

Heft 1 Prof. Dr. sc. KLAUS DÖRTER, Einige Aspekte zum landeskulturellen Nutzen des Meliorationswesens
1984. 31 Seiten – 10 Abbildungen – 11 Tabellen – 8° – M 8,–

Heft 2 Prof. Dr. HERBERT BECKERT, Nichtlineare Elastizitätstheorie 1984. 58 Seiten – 8° – M 8,–

Heft 3 Prof. Dr. HERBERT JORDAN, Zur funktionellen Normalität des Menschen
1984. 29 Seiten – 15 Abbildungen – 1 Tabelle – 8° – M 4,–

Heft 4 Dr. ARND BERNHARDT / KLAUS-DIETER JÄGER / KARL MANNSFELD / INGE HARTSCH, Beiträge zum Problemkreis des Landschaftswandels
1985. 101 Seiten – 3 Abbildungen – 5 Tabellen – 2 Übersichten – 8° – M 14,–

Heft 5 Prof. Dr. OTT-HEINRICH KELLER, Das Zählen als angeborene Verhaltensweise
1984. 36 Seiten – 11 Abbildungen – 8° – M 6,–

Heft 6 Prof. Dr. WOLFGANG BUCHHEIM, Komplementarität nach Niels Bohr – physikgeschichtliche Episode oder universale Kategorie von Ergänzung? 1984. 30 Seiten – 3 Tabellen – 8° – M 4,–

Heft 7 Prof. Dr. BENNO PARTHIER, Gene, Gentechnik, Genmanipulation
1984. 28 Seiten – 7 Abbildungen – 8° – M 4,–

Band 118

Heft 1 Prof. Dr. HANS JÜRGEN RÖSLER, Geowissenschaften und Geochemie
1985. 24 Seiten – 11 Abbildungen – 8° – M 4,–

Heft 2 Prof. Dr. HERBERT BECKERT, Axiomatik – Mathematik und Erfahrung
1985. 19 Seiten – 8° – M 3,–

Heft 3 Prof. Dr. HERMANN BERG, Zellfusion, Transformation und Pharmakainkorporation durch Elektrostimulation 1985. 27 Seiten – 15 Abbildungen – 8° – M 4,–

Heft 4 Prof. Dr. N. JOACHIM LEHMANN, Die analytische Maschine, Grundlagen einer Computer-Analytik
1985. 64 Seiten – 5 Abbildungen – 8° – M 8,–

Heft 5 Prof. Dr. DIETRICH UHLMANN, Die anthropogene Eutrophierung der Gewässer – Ein umkehrbarer Prozeß? 1985. 32 Seiten – 16 Abbildungen – 8° – M 4,–

Heft 6 Prof. Dr. FRIEDRICH WOLF, Dr. MAGDALENA WEISE, Der Sirotherm-Prozeß – Ein Verfahren zur rationellen Wasserentsalzung 1986. 31 Seiten – 12 Abbildungen – 7 Tabellen – 8° – M 4,–

Heft 7 Dr. sc. RUTH ZWICKER / Dr. sc. HERBERT PÜHRER / GERHARD PLÖTNER / Prof. Dr. med. HERBERT JORDAN, Prof. Dr. WOLFGANG BUCHHEIM, Modellversuche zum Vervoreffekt nach V. VOUK unter biophysikalischen Gesichtspunkten
1986. 52 Seiten – 14 Abbildungen – 11 Tabellen – 8° – M 7,–

Band 119

Heft 1 Prof. Dr. WERNER RIES, Methoden und Erkenntnisse der Alternsforschung
1986. 31 Seiten – 20 Abbildungen – 8° – M 4,–

Heft 2 Prof. Dr. HEINZ PENZLIN, Die Erscheinung des Lebendigen in unserer Welt
1986. 91 Seiten – 10 Abbildungen – 3 Tabellen – 8° – M 12,–

Heft 3 Prof. Dr. HANS-HEINZ EMONS, Dr. sc. phil. Dr. rer. nat. HANS-HENNING WALTER, Historische Entwicklung und zukünftige Tendenzen der Siedesalz-Produktion unter besonderer Berücksichtigung der ehemaligen Salinen im sächsisch-thüringischen Raum
1986. 42 Seiten – 19 Abbildungen – 4 Tabellen – 8° – M 6,–

Heft 4 Prof. Dr. HERBERT JORDAN, „Basimetry": Ansätze einer chronotherapeutischen Urteilsbildung
1987. 31 Seiten – 16 Abbildungen – 1 Tabelle – 8° – M 4,–

Heft 5 Dr. sc. HARALD HILBIG, Existenzsätze für einige Totwasserprobleme der Hydrodynamik
1987. 101 Seiten – 21 Abbildungen – 8° – M 14,–

Heft 6 Dr. MATTHIAS SACHSENWEGER, Dr. ULRICH SACHSENWEGER, Das Raumsehen bei bewegten Objekten auf der Basis der dynamischen Stereoskopie und der Bewegungsparallaktoskopie sowie seine Bedeutung für Arbeits- und Verkehrsmedizin
1988. 155 Seiten – 27 Abbildungen – 7 Tabellen – 8° – M 20,–

Band 120

Heft 1 Prof. Dr. HERMANN BERG u. a.: Kanzerostatische Anthrazykline, physikochemische Eigenschaften und Wirkungsmechanismen 1988. 125 Seiten – 42 Abbildungen – 20 Tabellen – 8° – M 16,–

Heft 2 Prof. Dr. ARTUR LÖSCHE, Der Kernspin: Von der Hypothese zum modernen Analysenwerkzeug. (Eine beinahe geschichtliche Betrachtung um der Sache willen)
1988. 25 Seiten – 18 Abbildungen – 8° – M 4,–

Heft 3 Prof. Dr. Dr. h. c. JOACHIM SCHARF, Anfänge von systematischer Anatomie und Teratologie im alten Babylon 1988. 63 Seiten – 18 Abbildungen – 8° – M 8,–

Heft 4 Prof. Dr. HANS JÜRGEN RÖSLER, Was sagt ein Mineral über seine Geschichte aus. Betrachtungen zur Genetischen Mineralogie *In Vorbereitung*

Heft 5 Prof. Dr. FRITZ MÜLLER, Dr. sc. med. dent. WERNER MÜHLE, Die Zöliakie – Eine besondere Form der Eiweißunverträglichkeit *In Vorbereitung*

Heft 6 Prof. Dr. HEINZ PENZLIN, Ordnung – Organisation – Organismus. Zum Verhältnis zwischen Physik und Biologie *Vorliegendes Heft*

Heft 7 Prof. Dr. EUGEN-GEORG WOSCHNI, Heinrich Barkhausen und die Entwicklung der Elektronik *In Vorbereitung*

Einzel- oder Fortsetzungsbestellungen durch eine Buchhandlung erbeten

Sitzungsberichte bis Band 108
durch das Zentralantiquariat der Deutschen Demokratischen Republik, Leipzig,
ab Band 109 durch die Universitätsbuchhandlung, 7010 Leipzig, zum Teil noch lieferbar

AKADEMIE-VERLAG BERLIN
Leipziger Straße 3–4, DDR-1086 Berlin

ISBN 3-05-500558-9
ISSN 0371-327X

FSC
www.fsc.org
MIX
Papier | Fördert
gute Waldnutzung
FSC® C083411

Zeitfracht Medien GmbH
Ferdinand-Jühlke-Straße 7
99095 Erfurt, Deutschland
produktsicherheit@kolibri360.de